Edition Nachhaltig wirtschaften

Reihe herausgegeben von

Ralf T. Kreutzer, Hochschule für Wirtschaft und Recht, Berlin, Deutschland

Nachhaltigkeit ist heute in aller Munde. Doch es reicht nicht, nur darüber zu reden, man muss auch handeln!

Dazu will die **Edition Nachhaltig wirtschaften** einen wichtigen Beitrag leisten – mit **Denkanstößen** und vor allem mit **Handlungsimpulsen**. Neben den für Veränderungsprozesse notwendigen psychologischen, soziologischen und systemischen Grundlagen werden u.a. die Themen nachhaltige Unternehmensführung, Kreislaufwirtschaft, Green Marketing/Green Branding, grüne Finanzstrategien, ethischer Konsum und nachhaltiges Innovationsmanagement diskutiert.

Ralf T. Kreutzer

Green Marketing & Green Branding

Mit Ehrlichkeit zur nachhaltigen Unternehmensführung

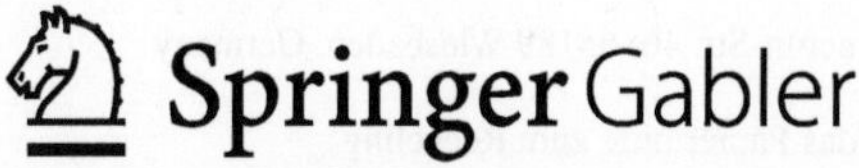

Springer Gabler

Ralf T. Kreutzer
Königswinter, Deutschland

ISSN 3004-8516 ISSN 3004-8524 (electronic)
Edition Nachhaltig wirtschaften
ISBN 978-3-658-50995-8 ISBN 978-3-658-50996-5 (eBook)
https://doi.org/10.1007/978-3-658-50996-5

Die Deutsche Nationalbibliothek verzeichnet diese Publikation in der Deutschen Nationalbibliografie; detaillierte bibliografische Daten sind im Internet über https://portal.dnb.de abrufbar.

Planung/Lektorat: Mareike Teichmann
Springer Gabler ist ein Imprint der eingetragenen Gesellschaft Springer Fachmedien Wiesbaden GmbH und ist ein Teil von Springer Nature.
Die Anschrift der Gesellschaft ist: Abraham-Lincoln-Str. 46, 65189 Wiesbaden, Germany

Mit Ehrlichkeit zur nachhaltigen Unternehmensführung

Wie Ihnen dieses Buch beim nachhaltigen Wirtschaften helfen wird

- Das Buch vermittelt praxisorientierte Ansätze, wie Unternehmen Nachhaltigkeit systematisch in Marketing und Markenführung integrieren können, um langfristig wettbewerbsfähig zu bleiben.
- Es erklärt die Bedeutung von Konsumentenbewusstsein für nachhaltige Produkte und führt Methoden wie Nudging auf, die Kaufentscheidungen im Sinne von Nachhaltigkeit positiv beeinflussen.
- Zusätzlich wird gezeigt, wie Unternehmen durch transparente Kommunikation Vertrauen aufbauen und Greenwashing vermeiden, um Glaubwürdigkeit und Markenwert zu stärken.
- Gleichzeitig liefert es praktische Handlungsimpulse und bietet konkrete Anleitungen, Tools und Beispiele, um nachhaltiges Marketing authentisch und effektiv umzusetzen.
- Hierdurch können Unternehmen, ihre ökologische und soziale Verantwortung sichtbar machen und dadurch ihre Reputation sowie den gesellschaftlichen Mehrwert steigern.

Vorwort der „Edition Nachhaltig wirtschaften"

Liebe Leserin, lieber Leser,

ich begrüße Sie als Herausgeber der **„Edition Nachhaltig wirtschaften"** ganz herzlich. In dieser Reihe beleuchten wir die **Notwendigkeit einer nachhaltigen Unternehmensführung** in allen ihren relevanten Aspekten. Aus verschiedenen Perspektiven wird deutlich, dass ein nachhaltiges Agieren weit über ein bloßes Profitstreben hinausgeht. Unternehmen sind heute aus gesellschaftlichen, rechtlichen und zunehmend auch wirtschaftlichen Gründen dazu aufgefordert,

gleichzeitig eine **ökologische, soziale und ökonomische Nachhaltigkeit** ihres Handelns sicherzustellen.

In dieser Edition wird eine Vielzahl von Themenbereichen abgedeckt. Diese ranken sich um **grüne Technologie** bis zu **nachhaltigen Unternehmensstrategien**, um die Potenziale der **Kreislaufwirtschaft** zu erschließen. Weitere Werke widmen sich den Themen **Green Marketing** und **Green Branding.** Hierzu werden auch die **psychologischen Grundlagen** beleuchtet, die für einen Bewusstseins- und Verhaltenswandel wichtig sind. Zusätzlich werden Fragen der **Wirtschaftsethik** sowie des **Green Controllings** angesprochen. Darüber hinaus wird diskutiert, wem bei der nachhaltigen Transformation eine besondere Verantwortung zukommt: einem **Chief Sustainability Officer.**

Unsere Welt steht vor großen Herausforderungen! Hier ist an den Klimawandel, soziale Ungleichheiten und die Endlichkeit unserer Ressourcen zu denken. Die Unternehmen spielen bei der Bewältigung dieser Probleme eine entscheidende Rolle. Eine **nachhaltige Unternehmensführung** ist nicht nur ein Imperativ für das Überleben der Unternehmen selbst, sondern sie ist auch für das Überleben der Menschheit unverzichtbar. Die **Zukunft unseres Planeten** hängt davon ab, wie wir heute wirtschaften. Daher hoffen wir, dass diese Edition Sie dazu inspiriert,

aktiv an der Gestaltung einer nachhaltigeren Wirtschafts- und Unternehmensland-
schaft mitzuwirken. Mit diesem Wissen sind Sie gut gerüstet, um einen positiven
Einfluss auf unsere gemeinsame Zukunft auszuüben.

Ich wünsche Ihnen viel Lesespaß – und vor allem ein gutes Händchen bei der
Umsetzung!

Ralf T. Kreutzer

Interessenkonflikt Der/die Autor*in hat keine relevanten Interessenskonflikte im Zusammenhang mit dieser Publikation.

Inhaltsverzeichnis

Über den Autor

Prof. Dr. Ralf T. Kreutzer war von 2005 bis 2023 Professor für Marketing an der Hochschule für Wirtschaft und Recht/Berlin School of Economics and Law. Parallel dazu war und ist er als Trainer, Coach sowie als Marketing und Management Consultant tätig. Zuvor war er 15 Jahre in verschiedenen Führungspositionen bei Bertelsmann (letzte Position Direktor des Auslandsbereichs einer Tochtergesellschaft), Volkswagen (Geschäftsführer einer Tochtergesellschaft) und der Deutschen Post (Geschäftsführer einer Tochtergesellschaft) tätig, bevor er 2005 zum Professor für Marketing berufen wurde.

Prof. Kreutzer hat durch regelmäßige Publikationen und Keynote-Vorträge (u.a. in Deutschland, Österreich, Schweiz, Frankreich, Belgien, Singapur, Indien, Japan, Russland, USA) maßgebliche Impulse zu verschiedenen Themen rund um Marketing, Dialog-Marketing, CRM/Kundenbindungssysteme, Database-Marketing, Online-Marketing, Social-Media-Marketing, Digitaler Darwinismus, Digital Branding, Dematerialisierung, Change-Management, digitale Transformation, Künstliche Intelligenz, agiles Management, nachhaltige Unternehmensführung, strategisches sowie internationales Marketing gesetzt und eine Vielzahl von Unternehmen im In- und Ausland in diesen Themenfeldern beraten. Zusätzlich ist Prof. Kreutzer als Trainer und Coach im Einsatz.

Neueste Buchpublikationen: „Toolbox für Digital Business" (2021), „Kundendialog online und offline" (2021), „Digitale Markenführung" (2022, zusammen mit Karsten Kilian), „Praxisorientiertes Marketing" (6. Aufl. 2022), „Künstliche Intelligenz verstehen" (2. Aufl. 2023), „Metaverse kompakt" (2023, zusammen mit Sonja Klose), „Der Weg zur marktorientierten Unternehmensführung" (2023), „Die Rollen des Chief Sustainability Officers" (2023), „Kreislaufwirtschaft (2023) und „Praxisorientiertes Online Marketing" (5. Auflage 2025, zusammen mit Sonja Klose).

Prof. Kreutzer wurde im Jahr 2023 in die Hall of Fame des Deutschen Dialogmarketing Verbandes aufgenommen.

Kontakt

Prof. Dr. Ralf T. Kreutzer
Alter Heeresweg 36
53639 Königswinter
0171-8668285
HYPERLINK „mailto:kreutzer.r@t-online.de" kreutzer.r@t-online.de
www.ralf-kreutzer.de
https://www.linkedin.com/in/ralf-t-kreutzer-208b741a/

Grundlagen und Bedeutung von Green Marketing und Green Branding

1.1 Definitionen und Abgrenzungen der zentralen Begriffe

Eines kann und muss schon zu Beginn dieser Ausführungen festgestellt werden: Marketing und Branding können und dürfen nicht den **Ausgangspunkt einer nachhaltigen Unternehmensführung** darstellen. Denn weder ein Green Marketing noch ein Green Branding kann es ohne eine nachhaltige Unternehmensführung geben. Schließlich sollte sich kein Unternehmen dem Vorwurf aussetzen, dass Marketing und Branding lediglich dazu dienen, den unternehmerischen Aktivitäten ein „grünes Mäntelchen" umzuhängen, um so dem Zeitgeist zu folgen, ohne tatsächlich die Unternehmensführung ökologisch nachhaltiger auszurichten.

Green Marketing und **Green Branding** stehen deshalb nicht am Beginn einer unternehmerischen **Green Journey.** Allerdings sind das Marketing und vor allem die **Marketing-Forschung** am Beginn einer Reise in Richtung Nachhaltigkeit wichtige informative Begleiter. Denn die auf mehr Nachhaltigkeit abzielenden Maßnahmen sind zwingend mit den Erwartungen der verschiedenen Stakeholder abzugleichen. Zu diesen zählen neben den Kunden auch die Mitarbeiter, die Lieferanten und die Investoren. Im weiteren Verlauf der Green Journey sind die relevanten Stakeholder regelmäßig über die geplanten bzw. bereits umgesetzten Maßnahmen einer nachhaltigen Unternehmensführung zu unterrichten.

▶ **Nachhaltig merken** Ein glaubwürdiges **Green Marketing** setzt eine Unternehmensführung voraus, die ökologische und soziale Verantwortung verbindlich in Strategie, Prozesse und Governance verankert hat. Nur wenn Nachhaltigkeit entlang der **gesamten Wertschöpfungskette** konsequent

R. T. Kreutzer, *Green Marketing & Green Branding*, Edition Nachhaltig wirtschaften, https://doi.org/10.1007/978-3-658-50996-5_1

umgesetzt wird, kann eine Marke als authentisch „grün" wahrgenommen werden und langfristig Vertrauen aufbauen.

Green Branding ist daher kein Startpunkt, sondern das Ergebnis eines bereits begonnenen Transformationsprozesses hin zu nachhaltigem Wirtschaften. Erst eine Vielzahl konkreter Maßnahmen – etwa in Forschung & Entwicklung, Beschaffung, Produktion, Logistik – schafft die Substanz, auf der ein belastbares grünes Markenversprechen aufbauen kann.

Diese Aspekte vor Augen bezeichnet **Green Marketing** eine Ausprägung des Marketings, bei der ökologische Aspekte und nachhaltige Prinzipien im Mittelpunkt der Marketing-Aktivitäten stehen. Hierbei gilt es, Produkte und Dienstleistungen umweltbewusst zu gestalten, deren nachhaltigen Nutzen überzeugend zu kommunizieren und gleichzeitig Kunden zu nachhaltigem Verhalten zu motivieren. Ein ehrlich ausgestaltetes Green Marketing umfasst hierbei nicht nur einzelne Werbemaßnahmen, sondern die strategische Integration von Umweltaspekten in die gesamte Wertschöpfungskette. Durch diesen ganzheitlichen Ansatz können Unternehmen nicht bloß ökologische Verantwortung übernehmen, sondern idealerweise auch Wettbewerbsvorteile erzielen und sich in einem teilweise bewussten Marktumfeld differenzieren (vgl. auch Weigand 2020, S. 65 f.; Peterson 2021; Bauer und Sobolewski 2022; Kreutzer 2023a).

Green Branding ist ein Teilaspekt dieses ganzheitlichen Marketing-Konzepts und fokussiert sich spezifisch auf die Markenführung. Es geht darum, eine Marke als Symbol für Nachhaltigkeit und ökologische Verantwortung zu positionieren und ihre Identität und ihr dadurch geprägtes Image entsprechend auszurichten. Das Branding soll eine emotionale Verbindung zu umweltbewussten Kunden aufbauen, die das Vertrauen und die Loyalität stärken. Green Branding definiert somit die DNA einer Marke in Bezug auf Umweltethik und nachhaltige Werte.

Diese Aktivitäten sollten vom Konzept der **Corporate Social Responsibility** (CSR) abgegrenzt werden: CSR beschreibt die umfassende gesellschaftliche und ökologische Verantwortung eines Unternehmens in allen Geschäftsbereichen, die häufig über das Marketing hinausgeht. Green Marketing und Green Branding sind gezielte Instrumente innerhalb dieser Verantwortung, die sich auf Markt- und Kundenorientierung fokussieren.

▶ **Nachhaltig merken** Eine **nachhaltige Unternehmensführung** führt nicht automatisch zu mehr Ansehen, Kunden, Umsatz oder Gewinn, da viele Kunden nach wie vor kein stärkeres Interesse an Nachhaltigkeit zeigen. Nur ein Teil der Kunden ist bereit, für nachhaltige Produkte einen höheren Preis zu zahlen oder zusätzlichen Aufwand für die Produktsuche auf sich zu nehmen. Deshalb muss Unternehmen bewusst sein, dass Nachhaltigkeit nicht zwangsläufig zu unmittelbaren wirtschaftlichen Vorteilen führt, sondern ein langfristiger Prozess ist, der fragmentierte Kundenpräferenzen berücksichtigen muss.

Allerdings steigt heute auch der Druck auf Unternehmen in Richtung Nachhaltigkeit, weil zahlreiche **gesetzliche und regulatorische Vorgaben** eine höhere Nachhaltigkeit unabhängig von Kundenpräferenzen verlangen. Dazu gehören auf EU-Ebene insb. die **Corporate Sustainability Reporting Directive** (CSRD) und die geplante **Corporate Sustainability Due Diligence Directive** (CSDDD; hiermit wird das europäische Lieferkettengesetz bezeichnet). Diese definiert erweiterte Sorgfaltspflichten in Lieferketten. Ergänzend greifen sektor- und themenspezifische Regelwerke wie die **EU-Taxonomie-Verordnung** oder die **EU-Entwaldungsverordnung** (EUDR). In Deutschland kommen unter anderem das Klimaschutzgesetz sowie Vorgaben zu Energieeffizienz, Kreislaufwirtschaft und Berichtspflichten hinzu, die Unternehmen zu systematischer Nachhaltigkeitsintegration zwingen.

▶ **Nachhaltig merken** Auch wenn sich die Märkte und die dort agierenden Kunden nur teilweise in Richtung nachhaltiger Angebote bewegen, greifen die genannten Regelwerke teilweise tief in die bestehenden Wertschöpfungsketten und Geschäftsmodelle ein. Sie zwingen Unternehmen dazu, vermehrt ökologische und auch soziale Kriterien bei der Ausgestaltung der Unternehmensleistung zu berücksichtigen – teilweise unabhängig von tatsächlichen Kundenwünschen.

Unabhängig von den sich hier auftuenden Widersprüchen ist ein glaubwürdiger Umgang mit Nachhaltigkeit unerlässlich, um Greenwashing und einen Vertrauensverlust zu vermeiden. Einen wichtigen Beitrag, um **Glaubwürdigkeit und Authentizität von Nachhaltigkeitsversprechen** erreichen, leistet eine Orientierung an den sogenannten **ESG-Kriterien.** Sie bilden die Grundlage, auf der Unternehmen ihre nachhaltigen Leistungen transparent kommunizieren und so Vertrauen bei Kunden, Investoren und anderen Stakeholdern aufbauen können. Ohne die ernsthafte Integration von ESG-Kriterien laufen Marketing- und Branding-Maßnahmen Gefahr, als Greenwashing wahrgenommen zu werden.

Die **ESG-Kriterien** setzen sich aus drei Bereichen zusammen:

- **Environmental** (Umwelt): Bezieht sich auf den Einfluss eines Unternehmens auf die natürliche Umwelt, einschließlich Ressourcennutzung, Treibhausgasemissionen wie CO_2, Energieeffizienz und Abfallmanagement. Es geht darum, wie Unternehmen Umweltbelastungen minimieren und ökologische Risiken managen.
- **Social** (Soziales): Umfasst Aspekte wie faire Arbeitsbedingungen, Menschenrechte, Diversität, Gesundheit und Sicherheit der Mitarbeiter sowie gesellschaftliches Engagement in den Gemeinschaften, in denen das Unternehmen tätig ist.
- **Governance** (Unternehmensführung): Bezieht sich auf eine transparente und ethische Unternehmensführung, Compliance mit Gesetzen, Antikorruptionsmaßnahmen, verantwortungsvolle Entscheidungsprozesse und die Zusammensetzung von Führungsgremien.

Welche Aspekte Unternehmen im Hinblick auf ein **ESG-Reporting** berücksichtigen müssen, zeigt Abb. 1.1. Für Unternehmen sind die ESG-Kriterien damit ein unverzichtbares Instrument in der nachhaltigen Markenführung, das die Glaubwürdigkeit ihrer grünen Positionierung stärkt und Differenzierung am Markt ermöglicht.

Diese ESG-Kriterien konkretisieren die Prinzipien der ökologischen, sozialen und ökonomischen Nachhaltigkeit durch messbare Standards, mit denen Unternehmen und ihre Aktivitäten ganzheitlich bewertet werden. Sie dienen als Leitfaden und Prüfrahmen, wie (und ob) die drei Nachhaltigkeitsdimensionen – Umwelt, gesellschaftliche Verantwortung und langfristige Wirtschaftlichkeit – in Unternehmensstrategie und Alltag wirklich integriert sind. Hieraus lassen sich die drei wichtigen Ausprägungen der Nachhaltigkeit ableiten.

- **Planet: ökologische Nachhaltigkeit**
  Die ökologische Dimension der Nachhaltigkeit beschreibt, wie stark Unternehmensaktivitäten **Umwelt** und **Klima** belasten oder entlasten. Diese Dimension stellt damit den strategischen Ansatzpunkt für glaubwürdiges Green Marketing und Green Branding dar.

  Im Mittelpunkt dieser ökologischen Nachhaltigkeit steht die kontinuierliche Reduktion ökologischer Fußabdrücke entlang der gesamten Wertschöpfungskette – von der Beschaffung über Produktion und Logistik bis zur Nutzung und Entsorgung der Produkte. Dazu zählen der schonende Einsatz natürlicher Ressourcen, die Verringerung von Abfall, Emissionen und Energieverbrauch sowie die frühzeitige Integration ökologischer Kriterien in Produkt- und Service-Design.

ESG-Kriterien

Environment	Social	Governance
Reduktion der Auswirkungen des unternehmerischen Handelns auf den Klimawandel	Beachtung der Menschenwürde und Einhaltung der Menschen- und Arbeitnehmerrechte	Veröffentlichung der relevanten Werte und Guidelines des Unternehmens
Schutz der natürlichen Ressourcen	Sichere und ergonomische Gestaltung von Arbeitsplätzen	Einhaltung der einschlägigen Gesetze und Regelwerke
Steigerung der Effizienz des Ressourceneinsatzes	Nichtdiskriminierung	Gesetzeskonforme Abführung von Steuern
Umsetzung einer Kreislaufwirtschaft	Diversity	Transparente Dokumentation der Prozesse zur Steuerung und Kontrolle des Unternehmens
Nutzung erneuerbarer Energien	„Faire" Behandlung und Bezahlung der Mitarbeiter – innerhalb der gesamten Lieferkette	Vorliegen gut nachvollziehbarer Vergütungs- und Beförderungsrichtlinien
Herstellung nachhaltiger Produkte	Umfassende Angebote zur Fort- und Weiterbildung der Mitarbeiter	Umsetzung einer auf Transparenz ausgerichtete Kommunikation – nach innen und außen
Einsatz nachhaltiger Technologien und Prozesse	Verzicht auf eine Zusammenarbeit mit autoritären Regierungen	Fairness im Wettbewerb
Nachhaltiges Gebäude-Management	Übernahme gesellschaftlicher Verantwortung – über die Kernleistung des Unternehmens hinaus	Unabhängige Kontrollorgane
Nachhaltiges Wasser-Management	Fairen Umgang mit Kunden	
Nachhaltige Mobilitäts- und Logistik-Konzepte		

Abb. 1.1 ESG-Kriterien. (Eigene Abbildung)

Je konsequenter diese Maßnahmen umgesetzt und transparent kommuniziert werden, desto stärker lassen sie sich als differenzierendes grünes Leistungsversprechen in Marke, Positionierung und Kommunikationsstrategie verankern.

- **People: soziale Nachhaltigkeit**
Die soziale Nachhaltigkeit fokussiert auf die Wirkungen eines Unternehmens auf **Menschen** und **Gesellschaft** und bildet damit eine zentrale Grundlage für vertrauenswürdige, wertebasierte Markenführung. Sie umfasst unter anderem den Schutz von Menschen- und Arbeitsrechten entlang der gesamten Lieferkette, faire und sichere Arbeitsbedingungen, Diversität und Inklusion sowie ein sichtbares Engagement für lokale Gemeinschaften.

  Investitionen in Bildung, Gesundheit, Teilhabe und gesellschaftliche Projekte stärken das soziale Verantwortungsprofil der Marke und bieten reichhaltige Ansatzpunkte für glaubwürdige Storytelling-Formate im Green Marketing. So entsteht ein Markenbild, das ökologische und soziale Verantwortung verbindet und für Kunden als „positive Wirkung" erlebbar wird.

- **Profit: ökonomische Nachhaltigkeit**
Die ökonomische Nachhaltigkeit stellt sicher, dass ein Unternehmen langfristig wettbewerbsfähig und finanziell stabil bleibt, denn ohne **wirtschaftliche Basis** lassen sich ökologische und soziale Maßnahmen nicht dauerhaft realisieren. Profitabilität bleibt damit ein zentrales Ziel, wird jedoch in ein erweitertes Verständnis von Wertschöpfung eingebettet: Investitionen in Umwelt- und Sozialinitiativen werden als Teil der Marken- und Unternehmensstrategie verstanden, die Reputation stärkt, Risiken reduziert und neue Marktpotenziale erschließt.

  Green Marketing und Green Branding tragen hierzu bei, indem sie nachhaltige Innovationen sichtbar machen, Zahlungsbereitschaft für grüne Mehrwerte aktivieren und so einen wirtschaftlichen Kreislauf unterstützen, in dem Gewinn, ökologische Verantwortung und gesellschaftlicher Beitrag zusammenwirken.

Das Zusammenwirken von People, Planet und Profit wird im Drei-Säulen-Modell bzw. **Triple-Bottom-Line-Konzept** deutlich (vgl. Abb. 1.2). Die drei Dimensionen – soziale, ökologische und ökonomische Ziele – stehen gleichberechtigt nebeneinander. Sie sind alle notwendig und bedingen sich gegenseitig: Nur wenn Mensch und Umwelt geschützt und Unternehmen rentabel sind, wird nachhaltiges Wirtschaften realisierbar. Ziel ist ein dauerhafter Ausgleich, bei dem keine Dimension auf Kosten der anderen verfolgt wird. Das Triple-Bottom-Line-Konzept gibt Unternehmen einen verbindlichen Rahmen: Sie sollen nicht nur den

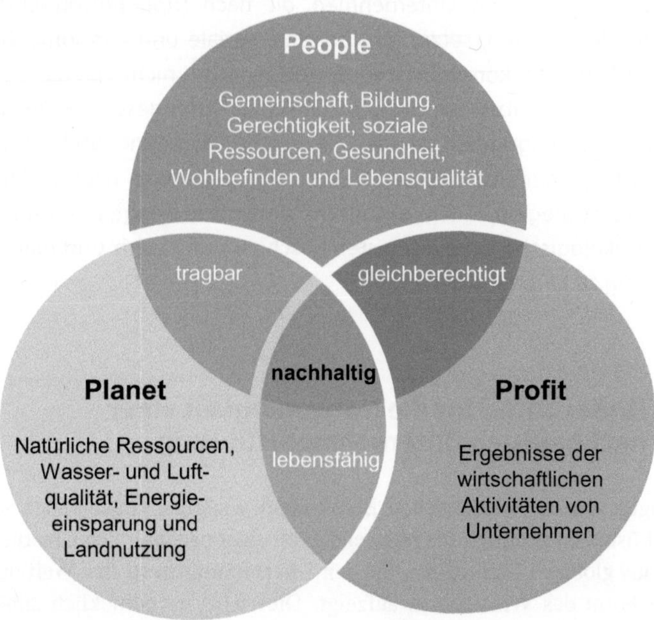

Abb. 1.2 Triple-Bottom-Line-Konzept. (Eigene Abbildung)

Gewinn erwirtschaften, sondern auch gesellschaftliche und ökologische Verantwortung übernehmen. Dazu wird die „klassische" Bottom Line „Profit" um die Bereiche „Planet" und „People" ergänzt.

▶ **Nachhaltig merken** Das **Triple-Bottom-Line-Konzept** erweitert die Perspektive unternehmerischer Erfolgsbewertung deutlich: Unternehmen erfassen nicht nur finanzielle Kennzahlen, sondern richten ihren Blick auch gezielt auf die ökologischen und sozialen Folgen ihres Handelns. Dadurch wird das Wechselspiel zwischen Unternehmen, Umwelt und Gesellschaft sichtbar. Hierdurch wird ein neues Verantwortungsbewusstsein bei Mitarbeitern und Führungskräften gefördert. Die Triple Bottom Line macht deutlich, dass nachhaltige Wertschöpfung nicht eindimensional zu verstehen ist – jede unternehmerische Entscheidung hat Auswirkungen auf das gesamte Umfeld.

► **Nachhaltig handeln** Unternehmen, die nach Triple-Bottom-Line-Prinzipien agieren, setzen ökologische, soziale und ökonomische Verantwortung konsequent in der Praxis um – nicht zuletzt, weil politische Vorgaben wie das deutsche Lieferkettengesetz rechtliche Rahmenbedingungen schaffen. Im Green Marketing und Green Branding beeinflusst dieses Gesetz die Gestaltung nachhaltiger Markenstrategien, indem es Unternehmen dazu bringt, ihre soziale und ökologische Leistung systematisch zu verbessern und glaubwürdig zu kommunizieren.

1.2 Hintergrund für die Notwendigkeit einer nachhaltigen Unternehmensführung

Unabhängig von der tatsächlichen Bereitschaft wichtiger Stakeholder an nachhaltigen Lösungen resultiert die Notwendigkeit einer nachhaltigen Unternehmensführung aus globalen Indikatoren, die den **Überlastungsgrad der Welt** durch die bisherige Form des Wirtschaftes aufzeigt. Dies wird nachdrücklich anhand des sogenannten **Weltüberlastungstages** deutlich. Der auch **Earth Overshoot Day** genannt Tag markiert jährlich den Zeitpunkt, ab dem die Menschheit alle natürlichen Ressourcen verbraucht hat, die die Erde innerhalb eines Jahres regenerieren kann. Seit den 1970er-Jahren verschiebt sich dieser Tag zunehmend nach vorne. Im Jahr 1970 fiel dieser Tag noch auf den 30. Dezember. Das bedeutet, dass die Erde damals in der Lage war, die in jenem Jahr verbrauchten natürlichen Ressourcen wieder aufzubauen (vgl. Earth Overshoot Day 2025).

Im Jahr 2025 war der Weltüberlastungstag bereits am 24. Juli. Die Menschheit verbraucht seit gut 50 Jahren Jahr für Jahr mehr Ressourcen, als die Erde nachhaltig bereitstellen kann. Die Menschen leben folglich auf **„ökologischen Kredit"**, der allerdings nie mehr zurückgezahlt werden kann. Die Regenerationsfähigkeit der Erde sinkt, während unser ökologischer Fußabdruck durch Bevölkerungswachstum, steigenden Ressourcenverbrauch und Umweltbelastungen wie CO_2-Emissionen immer noch wächst.

Diese Entwicklung ist alarmierend, weil der **anhaltende Überverbrauch** zu gravierenden Folgen führt: Biodiversitätsverlust, Bodenzerstörung, Wasserknappheit, Klimawandel, verbunden mit häufigeren extremen Wetterereignissen wie Dürren oder Überschwemmungen. Dies kann zu Rohstoffengpässen, Preisinstabilitäten und sozialen Konflikten führen. Eine dauerhafte Fortsetzung dieser Entwicklung ist für die Menschheit nicht tragbar, weil sie das natürliche Gleichgewicht zerstört und die Lebensgrundlagen zukünftiger Generationen massiv gefährdet. Umso dringlicher ist es, das **Bewusstsein für Nachhaltigkeit** zu schärfen und **Verantwortung auf individueller, unternehmerischer und politischer Ebene** zu übernehmen, damit der Ressourcenverbrauch langfristig in die regenerativen Grenzen des Planeten zurückgeführt wird.

▶ **Nachhaltig merken** Der Weltüberlastungstag macht die Überschreitung der planetaren Grenzen durch den Menschen sichtbar. Er verdeutlicht den dringenden Handlungsbedarf, um ein nachhaltiges, zukunftsfähiges Wirtschaften und Leben zu ermöglichen.

1.3 Wissenschaftliche Evidenz: Relevanz nachhaltiger Marken für Unternehmenserfolg

Die **Relevanz von Green Marketing und Green Branding** für den unternehmerischen Erfolg ist in den letzten Jahren teilweise durch Studien und Marktanalysen belegt worden. Unternehmen, die Nachhaltigkeit als integralen Bestandteil ihrer Markenführung verankern, können teilweise von einem Wettbewerbsvorteil profitieren, der sich in den Dimensionen erhöhte Markenloyalität, Umsatzsteigerungen sowie verbesserte Wettbewerbsfähigkeit zeigen kann (vgl. vertiefend Schuster und Wolter 2023).

Die Entwicklung eines nachhaltigen Konsums hat historisch bei Alltagsgütern wie Lebensmitteln begonnen und sich anschließend wellenförmig auf immer mehr Branchen wie Mode, Kosmetik, Büro oder Möbel ausgeweitet Diese Entwicklung wurde vielfach getrieben von kleinen Pionierunternehmen, bevor Großkonzerne selektiv grüne Segmente in ihre Sortimente integrierten (vgl. Errichiello und Zschiesche 2021, S. 55–60).

Eine **Markenstudie von PwC** (2024) bestätigt, dass **Nachhaltigkeit** die **Kaufentscheidung** zunehmend beeinflusst. Folgende **Kernergebnisse der Studie** sollten die Unternehmen kennen:

- **Hohe Wechselbereitschaft:** Etwa 60 % der Experten gehen davon aus, dass die Wechselbereitschaft der Kunden hoch ist, wobei Nachhaltigkeit ein wichtiger Einflussfaktor ist.
- **Nachhaltigkeit als Kommunikationsziel:** 68 % der Unternehmen integrieren Nachhaltigkeit in ihre Markenkommunikation. In den nächsten fünf Jahren erwarten dies sogar 85 % der Befragten.

- **Marke und Qualität im Vordergrund:** Qualität und Marke sind für die Kaufentscheidung die wichtigsten Kriterien, gefolgt von Preis.
- **Nachhaltigkeitsbewusstsein der Konsumenten:** Der Trend zu umweltfreundlicheren und klimafreundlicheren Produkten ist deutlich sichtbar.
- **Kaufentscheidung mit Nachhaltigkeitsfokus:** Konsumenten achten zunehmend auf umweltfreundliche Produkte, Herstellungsbedingungen und nachhaltige Verpackungen.

Aufgrund dieser Erwartungen erwachsen für die Unternehmen die folgenden Herausforderungen:

- **Wirtschaftliche Unsicherheiten:** Führungskräfte stehen vor der Herausforderung, Nachhaltigkeitsziele mit wirtschaftlichen und geopolitischen Risiken in Einklang zu bringen.
- **Steigende Erwartungen:** Konsumenten sind teilweise bereit, mehr für nachhaltige Produkte zu bezahlen. Allerdings stellen hohe Preise für sie häufig auch das größte Hindernis dar.
- **Umfassende Vorbereitung:** Unternehmen müssen ihre Geschäftsmodelle und ihre Strategien anpassen, um den steigenden Erwartungen der Kunden und Gesellschaft gerecht zu werden.

Auch eine Analyse auf **planted.green** (2025) zeigt, dass Nachhaltigkeit heute weit mehr als nur ein freiwilliger Trend ist. Die Nachhaltigkeit kann vielmehr einen entscheidenden **Wettbewerbsvorteil** für Unternehmen darstellen. Die hier präsentierten Daten basieren auf verschiedenen Studien und Umfragen, die vor allem deutsche Konsumenten, Unternehmen und Finanzinstitute ebenso wie ESG-Experten aus mehreren Ländern befragt haben. So fordern 89 % der Deutschen nachhaltiges Wirtschaften von Unternehmen, und fast 80 % der Investoren gewichten ESG-Kriterien zunehmend bei ihren Investitionsentscheidungen.

Kundenbindung wird durch Nachhaltigkeit erheblich gestärkt. 80 % der Verbraucher sind bereit, für nachhaltige Produkte mehr zu zahlen, und 64 % nennen Nachhaltigkeit als eines ihrer wichtigsten Kaufkriterien. Für Unternehmen kann dies zu besseren Imagewerten und höheren Margen führen. Zudem ist Nachhaltigkeit ein Kriterium für Arbeitnehmer bei der **Wahl des Arbeitsplatzes:** Drei von vier Beschäftigten bevorzugen nachhaltige Arbeitgeber. Deshalb spielt ein entsprechendes Engagement auch auf dem Stellenmarkt eine immer größere Rolle (vgl. planted.green 2025).

Zusammenfassend zeigt diese Analyse, dass die Berücksichtigung der ESG-Kriterien nicht allein ein Kostenfaktor sein muss, sondern auch eine Investition in die Zukunft der Unternehmen sein kann. Unternehmen, die heute in Nachhaltigkeit investieren, können im Idealfall von besseren Finanzierungsmöglichkeiten, niedrigeren Betriebskosten, einer starken Marktposition und einer attraktiven Arbeitgebermarke profitieren.

Die Studie „Nachhaltigkeit als Zukunftsstrategie" von Capgemini (2025a) bietet weitere wichtige Einblicke in den aktuellen Stand und die Herausforderungen nachhaltiger Unternehmensführung. Die Studie basiert auf Interviews mit rund 1000 Führungskräften unterschiedlicher Branchen und Unternehmensgrößen weltweit. Dieses breite Spektrum erlaubt es, die folgenden länderübergreifenden sowie branchenspezifischen Trends und Herausforderungen zu identifizieren:

- Unternehmen weltweit erkennen **Nachhaltigkeit** zunehmend als **wesentliche Zukunftsstrategie** und investieren verstärkt in Umweltmaßnahmen. Besonders dominieren Investitionen in Energieeffizienzprogramme, den Ausbau erneuerbarer Energien sowie den systematischen Umgang mit Abfall und Ressourcen.
- Trotz dieser Fortschritte bleibt die konkrete **Anpassung an den Klimawandel** häufig unzureichend. Viele Unternehmen verfügen noch nicht über umfassende Strategien und setzen keine Maßnahmen um, die auf die Bewältigung unvermeidbarer Klimaauswirkungen wie Überschwemmungen, Hitze oder Lieferkettenrisiken ausgerichtet sind. Dies zeigt, dass der Fokus derzeit oft stärker auf Emissionsreduktion als auf Klimaanpassung liegt.
- **ESG-Kriterien** sind mittlerweile integraler Bestandteil der Unternehmensführung und Entscheidungsprozesse. Allerdings bestehen noch erhebliche Umsetzungsbarrieren. Diese werden etwa bei der Festlegung präziser, messbarer Nachhaltigkeitsziele, der Datenqualität und Transparenz in der Berichterstattung sichtbar.
- **Digitalisierung** und **technologische Innovationen** werden als entscheidende Hebel erkannt, um Nachhaltigkeitsziele effizienter zu verfolgen. Dabei spielen datengetriebene Technologien eine Schlüsselrolle, etwa zur besseren Erfassung von Umweltauswirkungen oder zur Optimierung von Prozessen im Sinne der Nachhaltigkeit. Gefordert ist hier eine **Twin Transformation,** die eine die nachhaltige und die digitale Transformation gemeinsam ausgestaltet (vgl. Abb. 1.3).

Bei der nachhaltigeren Ausgestaltung der Unternehmensführung sollten die Entscheidungsträger allerdings immer auch das **Attitude-Behavior-Gap** im Blick haben. Das Gap beschreibt die Diskrepanz zwischen den in Umfragen geäußerten Werten und Einstellungen einer Person und deren tatsächlichem Handeln beim Konsum nachhaltiger Produkte. Worte und Taten klaffen hier viel zu oft auseinan-

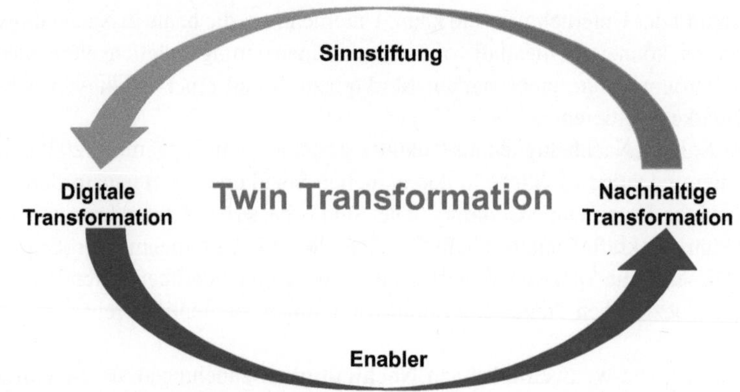

Abb. 1.3 Twin Transformation. (Eigene Abbildung)

der. Das in Abb. 1.4 gezeigte Modell von Ajzen und Fishbein (1973, 2025) verdeutlicht: Individuelle und soziale Faktoren wie Persönlichkeit, Erfahrungen, Bildung, Einkommen sowie der Stand des verfügbaren Wissens beeinflussen Überzeugungen und Einstellungen zum Verhalten. Zusätzlich formen normative Überzeugungen subjektive Normen und Erwartungen an die eigene Verhaltenskontrolle – diese Faktoren steuern die Kaufabsicht, die nicht immer in entsprechendes Verhalten mündet.

Verschiedene Barrieren führen dann dazu, dass nachhaltige Einstellungen häufig nicht in nachhaltiges Kaufverhalten umgesetzt werden: Preisbarrieren, schlechte Verfügbarkeit, Gewohnheiten, Qualitätszweifel, Egoismus und fehlendes Vertrauen in Nachhaltigkeitsversprechen. Hinzu kommen soziale Einflüsse, etwa Beobachtung durch andere, Sanktionen oder Lob für normgerechtes Verhalten. Fehlende Verhaltenskontrolle und negative Rückmeldungen können die Absicht zusätzlich schwächen und zum Kauf konventioneller Produkte oder Fast Fashion führen (vgl. vertiefend Bürker und Gronover 2023).

Die hier relevante Wahrnehmung gesellschaftlicher Normen wird zunehmend über Social Media und Influencer geprägt – FOMO („Fear of missing out") und das Streben nach sofortigem Konsum (YOLO – „You only live once") können nachhaltige Absichten überlagern. Studien zeigen, dass **soziale Erwünschtheit** oft zu verzerrten Umfrageergebnissen führt. Soziale Erwünschtheit beschreibt die Tendenz, in Befragungen oder im sozialen Kontext Antworten oder Verhaltensweisen zu zeigen, die gesellschaftlich anerkannt oder positiv bewertet werden, auch wenn sie nicht der eigenen wahren Einstellung oder dem tatsächlichen Verhalten entsprechen. In der Folge geben Verbraucher an, nachhaltiger handeln zu wollen, kaufen jedoch aus Preis- und Komfortgründen häufig anders.

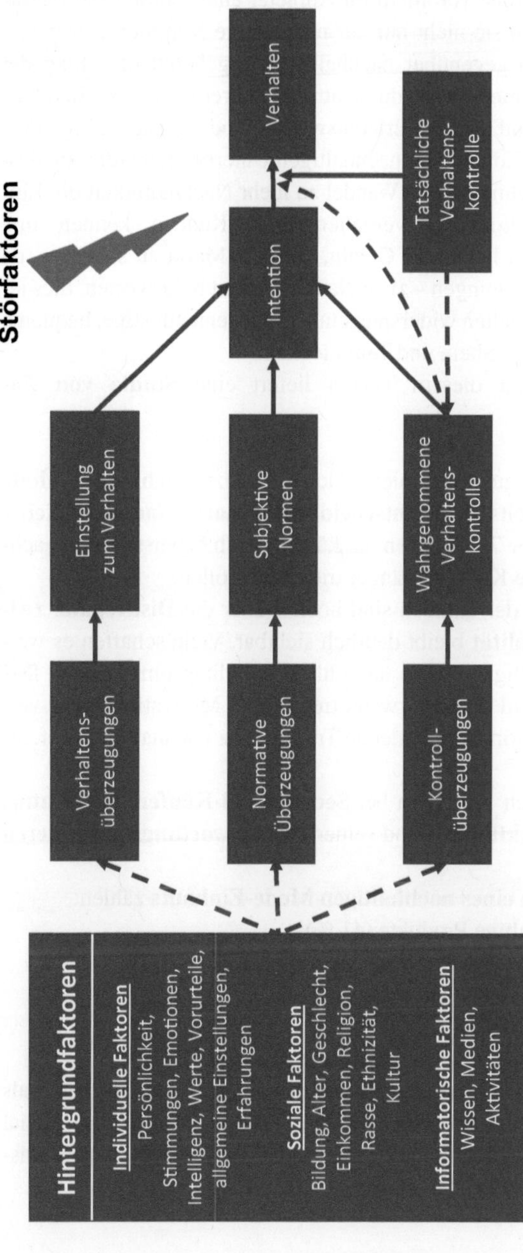

Abb. 1.4 Modell zur Erklärung des Attitude-Behavior-Gap. (Eigene Abbildung)

Das Attitude-Behavior-Gap ist vor allem für Anbieter eine zentrale Herausforderung: Im Marketing müssen sie nicht nur auf nachhaltige Kommunikation setzen, sondern echte Barrieren gegenüber nachhaltigen Angeboten im Alltag der Zielgruppe erkennen und abbauen – etwa durch attraktive Preise, erhöhte Sichtbarkeit, leichte Zugänglichkeit und positive Erlebniswelten rund um nachhaltige Produkte. Diese Aspekte sind im Kontext der nachhaltigen Unternehmensführung deshalb so relevant, weil Unternehmen beim Wandel zu mehr Nachhaltigkeit die Einstellungen und insb. das konkrete Verhalten ihrer Kunden kennen und berücksichtigen müssen. Sonst laufen sie Gefahr, auf dem Markt zu scheitern, da die meisten Kunden – bei Befragungen – zwar Nachhaltigkeit befürworten, dies jedoch oft nicht im Einkaufsverhalten widerspiegeln – insb. wenn günstige, bequeme oder trendige Angebote wie bei Shein und Temu locken.

Interessante Ergebnisse zu diesem Thema liefert eine **Studie von Zalando** (2025):

- Fast zwei Drittel der Befragten informieren sich aktiv über **nachhaltige Mode** (62 %) und richten bereits ihre **Entscheidungen nach Nachhaltigkeitskriterien** aus (66 %). Über 70 % gaben an, künftig noch bewusster und nachhaltiger einkaufen und ihre Kleidung länger tragen zu wollen.
- Die Werte und Absichten der Kunden sind hoch – aber die **Diskrepanz zwischen Anspruch und Realität** bleibt deutlich sichtbar. Viele schaffen es weiterhin nicht, ihre Nachhaltigkeitsziele tatsächlich im Alltag umzusetzen. Das Attitude-Behavior-Gap wird deutlich, wenn trotz hoher Motivation Preis, vermeintlich geringerer Komfort oder fehlende Transparenz nachhaltige Kaufentscheidungen verhindern.
- Positive Trends zeigen sich vor allem bei **Secondhand-Käufen, Reparatur,** dem **Lesen von Produktlabels** und einer **verantwortungsbewussteren Entsorgung.**
- Zu den größten **Barrieren eines nachhaltigen Mode-Einkaufs** zählen:
  - Hohe Preise für nachhaltige Produkte (41 %)
  - Schwierigkeiten, nachhaltige Angebote zu erkennen (27 %)
  - Fehlende Infos über Bezugsquellen (24 %)
  - Allgemeiner Wissensmangel (21 %)
  - Skepsis gegenüber entsprechenden Markenversprechen (19 %).
- Die **Verantwortung für nachhaltigen Konsum** wird von den Befragten als kollektive Aufgabe gesehen: Marken, Händler, Politik, EU, NGOs, Social Media und Influencer sollen kooperieren, um nachhaltige Mode attraktiv, transparent und bezahlbar zu machen.

Eine zentrale **Empfehlung der Studie** ist, dass sich nachhaltiges Handeln nicht verordnen, aber dennoch erleichtern lässt. Das Attitude-Behavior-Gap ist überwindbar. Allerdings gelingt dies nur durch das Zusammenspiel vieler Akteure und gezielte Maßnahmen entlang der Customer Journey. Dazu zählen vor allem mehr Transparenz, niedrigere Einstiegshürden, verständlichere Kommunikation und attraktive Angebote. Die Lücke zwischen Einstellung und Verhalten bleibt eine entscheidende Herausforderung für Green Marketing und Green Branding.

Spannende Ergebnisse liefert hierzu auch die **Utopia-Studie** (2024) zum nachhaltigen Konsum in Deutschland. Für diese Studie wurden zwei Erhebungspanels genutzt: eine repräsentative Stichprobe von 1045 Personen ab 18 Jahren sowie eine große Community-Befragung unter 8724 Utopia-Nutzern.

- **Nachhaltiger Konsum** ist im Alltag etabliert, bleibt aber unter Druck: Wirtschaftliche Krisen, Preisanstieg und Klimamüdigkeit lassen das Engagement für Nachhaltigkeit sinken.
- Das **Preisbewusstsein** ist deutlich gestiegen. 2023 sind nur 47 % bereit, einen Mehraufwand für nachhaltige Produkte zu leisten – 11 Punkte weniger als 2021.
- Besonders **nachhaltigkeitsaffine Konsumenten** („Konsequente", „Green Shopper", „Bedächtige") machen mittlerweile 44 % der deutschen Bevölkerung aus. Gleichzeitig stagniert oder sinkt die Zahl der „Gelegentlichen", während der Anteil der Gleichgültigen zunimmt.
- **Jung** (18–24) und **Alt** (ab 65 Jahre) sind die **Treiber nachhaltigen Konsums,** während mittlere Altersgruppen vergleichsweise weniger engagiert sind.
- Die **gesellschaftliche Spaltung beim Thema Nachhaltigkeit** hat zugenommen. Zwischen Nachhaltigkeitsbefürwortern und Ablehnenden bestehen große Meinungs- und Werteunterschiede.
- Viele Konsumentengruppen berichten **Unsicherheit** darüber, was im Handel tatsächlich nachhaltig ist. 59 % der Jüngeren (18–24 Jahre) wissen nicht immer, worauf sie achten sollen.
- **Green Claims** (Werbeaussagen zur Umweltfreundlichkeit) werden kritisch bewertet: 67 % sind misstrauisch gegenüber Nachhaltigkeits-Werbung, dennoch bevorzugen 55 % Produkte mit Umweltversprechen, sofern sie die Wahl haben. Das Vertrauen ist bei unabhängigen Siegeln deutlich höher.
- Unternehmen befinden sich in einer **Vertrauenskrise:** 85 % der Kunden erwarten mehr Engagement. Mehr als die Hälfte der Befragten glaubt, Unternehmen handeln vor allem aus externem Druck.
- **Preis, Transparenz und Information** sind die wichtigsten Hebel für nachhaltigen Konsum. Günstige Alternativen und bessere Aufklärung sind entscheidend, um die abnehmende Kaufbereitschaft zu stoppen.

- Das **Attitude-Behavior-Gap** bleibt ein zentrales Problem. Selbst nachhaltigkeitsorientierte Konsumenten können oder wollen ihre Werte im Alltag oft nicht umsetzen – vor allem wenn finanzielle Zwänge überwiegen.

Vor diesem Hintergrund ist für die **grüne Markenführung** im B2C-Markt **LOHAS** eine besonders attraktive Zielgruppe. Der Begriff LOHA steht **Lifestyle of Health and Sustainability** und verbinden hohe Genussorientierung mit einem ausgeprägten Verantwortungsbewusstsein. LOHAS wollen nicht weniger konsumieren, sondern besser – qualitativ hochwertig, ökologisch verträglich und sozial fair. Entsprechend sind sie auch tatsächlich bereit, für glaubwürdig nachhaltige Marken, ästhetische Produkte und stimmige Services deutlich mehr zu bezahlen als der Durchschnitt.

Soziodemografisch zeigt sich, dass der LOHAS-Anteil mit dem Alter und mit dem Bildungsniveau wächst. In dieser Gruppe sind gut ausgebildete Frauen im mittleren und höheren Alter besonders stark vertreten. Werte wie soziale Gerechtigkeit, enge Beziehungen, Naturverbundenheit, Familie, Unabhängigkeit sowie Spaß und Neugier prägen ihr Selbstverständnis und schlagen sich in Freizeit- und Konsumentscheidungen nieder. Im Einkaufsverhalten achten LOHAS konsequent auf Qualität statt auf den niedrigsten Preis – insb. bei Lebensmitteln – und zeigen in vielen Produktkategorien deutlich stärkere Umwelt- und Menschenorientierung als die Gesamtbevölkerung (vgl. vertiefend Kreutzer 2023a, S. 206–212; Errichiello und Zschiesche 2021, S. 60–64).

▶ **Nachhaltig merken** Für Unternehmen bedeutet dies: Wer frühzeitig in konsequent grüne Markenführung investiert, kann sich im **LOHAS-Segment** glaubhaft positionieren und von dessen weiter wachsendem Anteil profitieren. Gleichzeitig darf sich nachhaltige Markenführung nicht nur auf LOHAS beschränken, sondern sollte alle Kundengruppen Schritt für Schritt auf eine „Nachhaltigkeitsreise" mitnehmen und so helfen, die Attitude-Behavior-Gap zu verringern. Gefragt ist ein proaktiver Ansatz, der veränderte Kundenerwartungen – nach Sinn, Transparenz und Verantwortung – adressiert, bevor der regulatorische Druck steigt oder gesellschaftliche Empörung entsteht.

Die Studie „Attitude Without Action – What Really Hinders Ethical Consumption" von Berberyan et al. (2025) liefert weitere wertvolle **Erkenntnisse zur Diskrepanz zwischen nachhaltigen Einstellungen und tatsächlichem Konsumverhalten**. Die Untersuchung basiert auf Online-Umfragen und qualitativen Interviews mit Konsumenten aus Deutschland, Dänemark und Großbritannien. Hier die wichtigsten Ergebnisse:

- Das **Attitude-Behavior-Gap** ist nach wie vor stark ausgeprägt: Viele Konsumenten sehen sich selbst als ethisch und nachhaltig orientiert, aber nur wenige setzen diese Werte beim Einkauf tatsächlich um.
- Die wichtigste **Ursache für diese Lücke** ist nicht primär der Preis, mangelnde Information oder fehlendes Angebot – sondern das **Fehlen eines sozialen „Nachhaltigkeitsdrucks" im persönlichen Umfeld**.
- **Nachhaltige Kaufentscheidungen** werden dann häufiger getroffen, wenn entsprechende Praktiken im Freundeskreis, in der Familie oder im Kollegenkreis sichtbar und gesellschaftlich anerkannt werden. Fehlt diese soziale Erwartung, bleiben nachhaltige Einstellungen oft wirkungslos.
- **Wissensvermittlung** und **klassische Informationskampagnen** allein reichen nicht aus, um Verhalten zu ändern. Es braucht ein neues Verständnis von Normalität: Je mehr nachhaltiges Konsumieren als gemeinschaftlich erwartetes Verhalten etabliert ist, desto geringer ist die Lücke.
- **Initiativen und Influencer,** die als Vorbilder agieren und sozialen Status mit nachhaltigem Handeln verbinden, verstärken diese Wirkung. Programme, die gemeinschaftlichen Konsum und öffentliche Belohnung nachhaltiger Entscheidungen fördern, sind besonders effektiv.

Es zeigt sich, wie **vielschichtig und fragmentiert nachhaltiger Konsum** in Deutschland heute ist. Vor diesem Hintergrund müssen Marken und Unternehmen, die Green Marketing vorantreiben wollen, weit über die reine Kommunikationsarbeit und Informationsvermittlung hinausgehen. Sie sollten gezielt auf den **sozialen Kontext** und die **Dynamik in Verbrauchergemeinschaften** eingehen (vgl. vertiefend Abschn 3.8).

Wer noch einen weiteren Beleg für die **Existenz des Attitude-Behavior-Gaps** benötigt, braucht sich nur den **Siegeszug von Shein und Temu** in den letzten Jahren anschauen. Shein und Temu sind weltweit die führenden **Ultra-Fast-Fashion-Plattformen** mit rasantem Wachstum: Beide Unternehmen erzielten 2025 gemeinsam über 3,3 Mrd. Eur Umsatz allein in Deutschland und mehrere Milliarden Dollar weltweit. **Shein** veröffentlicht täglich zwischen 7000 und 10.000 neue Modeartikel und ist damit rund 900-mal schneller beim Wechsel des Sortiments als klassische Modemarken. **Temu** erreicht im Jahr 2024 über 167 Mio. monatlich aktive Nutzer weltweit und hat sich seit dem Start 2022 auf mehr als 90 Märkten etabliert, darunter Europa, die USA, Asien und Australien. Der internationale Erfolg zeigt sich darin, dass Temu und Shein in zahlreichen Ländern die Download-Charts für Shopping-Apps anführen – allein Temu überholte bei den aktiven Nutzern sogar Amazon. Der **Siegeszug der beiden Plattformen** beruht auf aggressiven

Preisen, hoher Produktvielfalt und maximaler Geschwindigkeit, mit gravierenden sozialen und ökologischen Risiken in globalem Maßstab.

Die **Risiken der Shein- und Temu-Produkte** wurden in einer Studie von GLOBAL 2000 (2025) und der AK Oberösterreich herausgearbeitet. Hierfür werden 20 stark nachgefragte Modeartikel (Jacken, Stiefel, Shirts, Handschuhe etc.) von Temu und Shein auf gefährliche Chemikalien und Materialbestandteile getestet. Hier die zentralen Erkenntnisse:

- In sieben von 20 geprüften Artikeln wurden **Grenzwertüberschreitungen** für Schadstoffe wie Phthalate, PFAS (insb. PFOA und PFCA), Blei und Formaldehyd festgestellt. Teilweise waren die Belastungen bis zu 4000-fach (PFCA), 770-fach (PFOA) bzw. 360-fach (Phthalate) höher als zulässig – alle diese Produkte dürfen in der EU nicht verkauft werden. Besonders auffällig sind Damenstiefel, Regenjacken und Handschuhe, die massive Mengen verbotener und gesundheitsschädlicher Stoffe enthielten.
- Die **extrem niedrigen Preise** resultieren aus einer Produktions- und Vermarktungslogik, in der nachhaltige und soziale Standards missachtet werden: Überproduktion, Ressourcenverschwendung, Einsatz von ausbeuterischer Arbeit und gezielte Verschleierung von Risiken sind zentrale Bestandteile dieses Modells. Außerdem werden diese Produkte per Flugzeug aus China direkt in die Zielmärkte transportiert.
- Die **Produktionsweise von Ultra Fast Fashion** verursacht erhebliche Umweltgefahren: steigende CO_2-Emissionen, Mikroplastik, Verschmutzung von Wasser und Böden sowie eine Müllflut.
- Konsumenten erwerben diese Produkte, obwohl sie sich den **ökologischen und gesundheitlichen Risiken** bewusst sind, getrieben von Billigpreisen, Trenddruck und permanenter Online-Werbung.
- Bei **Preisfokus und Impulskäufen** (Black Friday, Mengenrabatte) werden ethische und nachhaltige Werte zurückgestellt – gesundheitliche, soziale und ökologische Folgen werden bewusst in Kauf genommen.

Die Studie fordert klare gesetzliche Maßnahmen und ein **Anti-Fast-Fashion-Gesetz**, um kreislauforientierte Produktion und nachhaltigen Konsum zu fördern und Dumpingware vom Markt zu verdrängen. Schließlich sind die Risiken für Konsumenten erheblich: gesundheitsschädliche Stoffe auf der Haut, Belastung der Umwelt und Förderung eines Systems, das Mensch und Natur für kurzlebigen Konsum massiv gefährdet. Das Attitude-Behavior-Gap bleibt sichtbar, solange Trends und Preise dominieren, unabhängig von den bekannten Folgen.

▶ **Nachhaltig merken** Die **Attitude-Behavior-Gap** bleibt eine zentrale Herausforderung, weshalb Unternehmen begleitende Angebote, Kommunikation und attraktive nachhaltige Alternativen schaffen sollten, um ihre Kunden tatsächlich zum nachhaltigen Konsum zu motivieren.

▶ **Nachhaltig merken** Vielleicht sollten wir uns auch einmal Gedanken um einer mögliche **„Trendhörigkeit im Marketing"** machen. Viele vermeintliche Megatrends sind eher mediale Überhöhungen von Minderheitenverhalten, während sich das Alltagsverhalten der Mehrheit erstaunlich stabil zeigt – wirkungsvolles Green Branding muss deshalb an Gewohnheiten und vertrauten Symbolwelten anknüpfen, statt ständig das Rad neu erfinden zu wollen (vgl. Errichiello und Zschiesche 2021, S. 66 f.)

1.4 Psychologische Grundlagen: Nudging und Konsumentenverhalten

Wie können Kunden sanft zu nachhaltigerem Verhalten angeregt werden – möglichst ohne Verbote oder Strafen? Schließlich sollte und möchte man klassische Ablehnungsreaktionen – die sogenannte **Reaktanz** als Gegenteil von Akzeptanz – vermeiden. Reaktanz ist eine defensive psychologische Gegenreaktion, die entsteht, wenn Menschen ihre Autonomie bedroht fühlen und stattdessen trotzig das Gegenteil tun.

Welche Alternativen bestehen, um das Verhalten von möglichst vielen Menschen in eine Richtung zu mehr Nachhaltigkeit zu lenken? Hierbei ist es wichtig, dass die **„grüne" Kommunikation** möglichst ohne erhobenen Zeigefinger auskommt. Wer möchte sich schon von Marken erziehen lassen, die man selbst auswählt und dann auch noch bezahlt? Um bei der sanften Verhaltenslenkung erfolgreich zu sein, bietet sich das sogenannte **Nudging** an (vgl. Rumler und Wagner 2025; Kreutzer 2023a; Thaler und Sunstein 2010; Grunwald und Schwill 2022, S. 92–95). Wörtlich übersetzt bedeutet Nudging „Anstoßen" bzw. „Anschieben". Durch Nudging sollen Zielpersonen zu einer bestimmten Verhaltensänderung geführt werden, ohne hierzu Zwang auszuüben oder Verbote auszusprechen. Nudging verzichtet auch auf ökonomische Anreize, um ein bestimmtes Verhalten zu erzielen. Ein **Nudge** ist ein solcher „Stups" oder „Schubs" – meist im Sinne eines Denkanstoßes. Solche Denkanstöße sind zur Steigerung eines nachhaltigen Konsum- und Kaufverhaltens wichtig, wenn man nicht mit Sanktionen arbeiten möchte. Das Ziel besteht jeweils darin, das Verhalten der Zielpersonen durch Nudges in eine bestimmte Richtung zu lenken. Diese Personen haben aber nach wie vor die volle Wahlfreiheit, weil sie auf die Nudges nicht reagieren müssen. Wie der Einsatz von Nudging in der werblichen Kommunikation erfolgen kann, wird in Abschn. 3.4 vertieft.

Literatur

Ajzen I, Fishbein M (1973) Attitudinal and normative variables as predictors of specific behavior. J Pers Soc Psychol 27(1):41–57

Ajzen I, Fishbein M (2005) The Influence of Attitudes on Behavior. In: Albarracín D, Johnson B T , Zanna M. P (Hrsg) The handbook of attitudes. Mahwah, NJ: Lawrence Erlbaum Associates S 173–221

Bauer M J, Sobolewski S (2022) Grüne marketing – Kommunikation green communication im marketing-mix nachhaltigkeitsorientierter Unternehmen. Wiesbaden: Springer Gabler

Bürker M Gronover S (2023) Was schließt die Einstellungs-Verhaltens-Lücke? In: Schuster G, Wolter L C (Hrsg). S 215–232

Capgemini (2025) Nachhaltigkeit als Zukunftsstrategie: Unternehmen investieren verstärkt in Umweltmaßnahmen – doch konkrete Klimaanpassung bleibt ausbaufähig. https://www.capgemini.com/de-de/news/pressemitteilung/nachhaltigkeit-als-zukunftsstrategie-unternehmen-investieren-verstaerkt-in-umweltmassnahmen-doch-konkrete-klimaanpassung-bleibt-ausbaufaehig/. Zugegriffen: 20. Nov 2025

Earth Overshoot Day (2025) Earth Overshoot Day. https://overshoot.footprintnetwork.org/newsroom/press-release-2025-english/. Zugegriffen: 11. Sept 2025

Errichiello O, Zschiesche A (2021) Grüne Markenführung. Grundlagen, Erfolgsfaktoren und Instrumente für ein nachhaltiges brand- und Innovationsmanagement. 2. Aufl. Wiesbaden: Springer Gabler

Global 2000 (2025) Der Siegeszug von Shein und Temu zeigt, dass Ultra Fast Fashion weiterhin über Preis und Trends punktet und Nachhaltigkeitsüberlegungen verdrängt. https://www.global2000.at/sites/global/files/251104_Produkttest-Temu-Shein_A4_barrierefrei.pdf. Zugegriffen 15. Nov 2025

Grunwald G Schwill J (2022) Nachhaltigkeitsmarketing. Stuttgart: Schäffer Poeschel

Kreutzer R (2023) Der Weg zur nachhaltigen Unternehmensführung, Wiesbaden: Springer Gabler

Peterson M (2021) Sustainable marketing. 2. Aufl. London: Sage

Planted.green (2025) Nachhaltigkeit als Wettbewerbsvorteil: Warum sich ESG auszahlt. https://planted.green/nachhaltigkeit-wissen/nachhaltigkeit-als-wettbewerbsvorteil-warum-sich-esg-auszahlt. Zugegriffen: 24. Nov 2025

PwC (2024) PwC Markenstudie 2024. https://www.pwc.de/de/managementberatung/markenstudie.html. Zugegriffen: 24. Nov 2025

Rumler A, Wagner L (2025) Green nudging, Der Schlüssel zur nachhaltigen Veränderung. Wiesbaden: Springer Gabler

Schuster G, Wolter L C 2023 (Hrsg). Nachhaltiges Markenmanagement. Innovative Unternehmenspraxis: Insights, Strategien und Impulse. Wiesbaden Springer Gabler

Thaler R H, Sunstein C R (2010): Nudge: Wie man kluge Entscheidungen anstößt. Berlin: Ullstein

Utopia (2024) Utopia-Studie 2024 – Alles bleibt anders. https://unternehmen.utopia.de/utopia-studie-24/#formular. Zugegriffen: 15 Nov 2025

Weigand H (2020) Green marketing – nachhaltig erfolgreich. In: Stumpf M (Hrsg) Die 10 wichtigsten Zukunftsthemen im marketing. 2. Aufl Freiburg: Haufe. S 47–69

Zalando (2025) Zalando veröffentlicht aktualisierte Studie zum Attitude Behaviour-Gap im Bereich Nachhaltigkeit. https://corporate.zalando.com/de/zalando-veroeffentlicht-aktualisierte-studie-zum-attitude-behaviour-gap-im-bereich-nachhaltigkeit#zwischen-wunsch-und-wirklichkeit-die-h%C3%BCrden-beim-kaufverhalten. Zugegriffen: 10. Nov 2025

Strategien für authentisches und wirkungsvolles Green Marketing

2

2.1 Transparente Kommunikation und glaubwürdige Nachhaltigkeitsversprechen

Eine **transparente Kommunikation** ist ein zentrales Element, um im Green Marketing Vertrauen bei Kunden, Partnern und der Öffentlichkeit zu schaffen. Unternehmen, die Nachhaltigkeitsinformationen klar, nachvollziehbar und überprüfbar vermitteln, differenzieren sich glaubwürdig vom Wettbewerb und können idealerweise die Kundenbindung nachhaltig erhöhen. Der Erfolg eines Green Marketing und Green Branding setzt voraus, bei den realen Leistungen des Unternehmens zu beginnen (vgl. vertiefend Schlimok und Lehsten 2024; Kesting und Scherenberg 2025).

Durch konsistente und authentische **Nachhaltigkeitsversprechen** kann das Markenvertrauen signifikant erhöht werden. So demonstriert eine Analyse von Green-Marketing-Projekten, dass Unternehmen mit transparenter Kommunikation höhere Wiedererkennungswerte und Kaufabsichten erzielen als andere Unternehmen, die darauf verzichten (vgl. Planted.green 2025). Unternehmen, die an Transparenz sparen, riskieren dagegen einen Vertrauensverlust und Imageschäden, die schwer reparabel sind.

▶ **Nachhaltig merken** Aktuelle Forschungen und Praxisberichte bestätigen, dass transparente, glaubwürdige Kommunikation ein unverzichtbarer Erfolgsfaktor für nachhaltiges Marketing ist. Sie schafft eine belastbare Basis für langfristige Kundenbeziehungen und stärkt die Wettbewerbsfähigkeit durch nachhaltige Differenzierung.

© Der/die Autor(en), exklusiv lizenziert an Springer Fachmedien Wiesbaden GmbH, ein Teil von Springer Nature 2026
R. T. Kreutzer, *Green Marketing & Green Branding*, Edition Nachhaltig wirtschaften, https://doi.org/10.1007/978-3-658-50996-5_2

2.2   Entwicklung nachhaltiger Produkte und Dienstleistungen

Eine wichtige Voraussetzung für ein tragfähiges Green Marketing stellt die **Entwicklung nachhaltiger Produkte und Dienstleistungen** dar. Dies erfordert einen **ganzheitlichen Ansatz,** bei dem ökologische und soziale Kriterien von der Produktidee bis zum Lebensende berücksichtigt werden. Unternehmen müssen bei Design und Entwicklung darauf achten, Materialien und Produktionsprozesse umweltfreundlich zu gestalten, soziale Verantwortung in der Lieferkette sicherzustellen und gleichzeitig marktrelevante Produktqualität und Funktionalität zu gewährleisten.

Die **Designphase** spielt in der Entwicklung nachhaltiger Produkte und Dienstleistungen eine entscheidende Rolle. Hier werden die Weichen für den gesamten Lebenszyklus eines Produkts gestellt. Oft werden bereits bis zu 80 % der Umweltwirkungen, wie etwa der CO_2-Fußabdruck, durch Entscheidungen in dieser Phase festgelegt. Durch ein **nachhaltiges Design** können Unternehmen Materialien auswählen, die erneuerbar, schadstofffrei und recycelbar sind. Gleichzeitig sind die Produktionsprozesse so zu gestalten, dass Ressourcen effizient genutzt und Abfälle minimiert werden.

Zusätzlich ermöglicht ein durchdachtes Produktdesign, dass Produkte leichter reparierbar, wiederverwendbar oder wiederverwertbar sind, wodurch die Kreislaufwirtschaft unterstützt und eine längere Produktlebensdauer gefördert wird. Somit beeinflusst die Designphase maßgeblich, wie ökologisch verträglich ein Produkt im gesamten Wertschöpfungsprozess ist.

Gleichzeitig geht ein nachhaltiges Produktdesign weit über ökologische Aspekte hinaus. Es umfasst auch soziale und ethische Kriterien. Bereits in der Entwicklungsphase muss darauf geachtet werden, dass die Produkte inklusiv gestaltet sind, Barrieren vermieden werden und soziale Verantwortung entlang der Lieferkette berücksichtigt wird. Ein **verantwortungsvolles Design** berücksichtigt die Bedürfnisse der Nutzer, ermöglicht einfache Handhabung und Wartung und vermeidet Diskriminierung. Zusätzlich trägt eine enge Integration von Nachhaltigkeitszielen im Designprozess dazu bei, Innovationen voranzutreiben und zukunftsfähige Lösungen zu schaffen, die ökologische, soziale und ökonomische Anforderungen zugleich erfüllen. So wird das Produkt nicht nur nachhaltiger, sondern gewinnt idealerweise auch an Marktattraktivität und kann als glaubwürdiger Bestandteil von Green-Marketing- und Green-Branding-Konzepten erfolgreich positioniert werden.

Bei einem **Ökodesign,** das auf Ressourcenschonung, Recyclingfähigkeit und Energieeffizienz fokussiert, werden beispielsweise langlebige Produkte mit modularen Komponenten entwickelt, die eine Reparatur und Wiederverwertung erleichtern. Die Nutzung nachwachsender Rohstoffe statt fossiler Materialien ist ein weiterer Baustein, um CO_2-Emissionen zu minimieren und Kreisläufe zu schließen. Darüber hinaus gewinnen Dienstleistungen und Konzepte wie **Produkt-Service-Systeme** an Bedeutung, bei denen Kunden nicht Produkte kaufen, sondern nachhaltige Nutzungskonzepte erhalten, etwa Leasing, Sharing oder Wartungsverträge, die alle zur Umsetzung des Triple-Bottom-Line-Ansatzes beitragen (vgl. Capgemini 2025b):

- **Leasing** bezeichnet ein Nutzungsmodell, bei dem Kunden nicht das Produkt kaufen, sondern gegen eine Gebühr nur für eine bestimmte Zeit nutzen. Dadurch bleibt das Eigentum beim Unternehmen, das für Wartung, Reparatur und oft auch Rücknahme sowie Wiederaufbereitung verantwortlich ist. Dieses Modell fördert Ressourceneffizienz durch längere Produktlebenszyklen. Leasing kann auch zur fairen Nutzung beitragen, indem es Produkte für mehr Menschen zugänglich macht. Ökonomisch schafft es neue Einnahmequellen und kann eine kontinuierliche Kundenbindung aufbauen.
- **Sharing** beschreibt das gemeinschaftliche Nutzen von Produkten oder Dienstleistungen, häufig über digitale Plattformen. Sharing reduziert den Gesamtbedarf an Neuprodukten, schont so Ressourcen und verringert Umweltbelastungen. Gleichzeitig fördert es soziale Interaktion und Teilhabe und eröffnet ökonomisch innovative Geschäftsmodelle und Kostenvorteile für Verbraucher und Anbieter. Sharing ist besonders wirksam bei selten genutzten Gütern wie Autos oder Werkzeugen und unterstützt dadurch ein nachhaltigeres Konsumverhalten.
- **Wartungsverträge** sichern durch regelmäßige Instandhaltung die Langlebigkeit und Effizienz von Produkten. Dies reduziert Materialverschleiß und Abfall, was die ökologische Dimension fördert. Sozial stärken sie die Kundenbeziehung und garantieren Produktzuverlässigkeit, was Vertrauen schafft. Ökonomisch helfen Wartungsverträge, Kosten durch Ausfälle zu minimieren und stabile Umsätze durch Serviceangebote zu generieren.

▶ **Nachhaltig merken Produkt-Service-Systeme** wie Leasing, Sharing und Wartungsverträge transformieren den Fokus vom reinen Produktverkauf hin zu einer nachhaltigen Nutzung, wodurch Unternehmen glaubwürdige, ganzheitliche Nachhaltigkeitslösungen anbieten können.

2.3 Geschäftsmodellinnovation und Kreislaufwirtschaft

Geschäftsmodellinnovationen sind ein zentraler Hebel für nachhaltiges Wirtschaften, da sie über die Produktentwicklung hinaus die gesamte Wertschöpfungskette und Kundennutzung neu denken (vgl. vertiefend Kreutzer 2021). Besonders die **Kreislaufwirtschaft** (auch Circular Economy) gewinnt hier an Bedeutung: Sie setzt auf ressourceneffiziente und geschlossene Systeme, die Abfälle minimieren, Materialien wiederverwenden und negative Umweltauswirkungen reduzieren (vgl. vertiefend Kreutzer 2023c).

Abb. 2.1 zeigt das klassische **Konzept der Linearwirtschaft,** oft auch als „Cradle to Grave" oder „von der Wiege zur Bahre" bezeichnet. Dieser Ansatz beschreibt die lineare Abfolge von Produktions- und Konsumprozessen: Zunächst werden Ressourcen wie Rohstoffe, Wasser, Luft, Energie und Arbeitskraft (**Take**) aus der Umwelt entnommen. Im nächsten Schritt werden daraus Produkte gefertigt und Dienstleistungen bereitgestellt (**Make**). Nach der Nutzung oder dem Verbrauch der Produkte (**Use**) endet der Lebenszyklus üblicherweise mit der Entsorgung – etwa in Form von Deponieren, Verbrennen, Verschiffen oder schlichtem Vergessen (**Dispose**).

Das **Problem der Linearwirtschaft** besteht darin, dass Ressourcen nur einmal genutzt und anschließend als Abfall entsorgt werden. Dadurch entstehen massive Umweltbelastungen. Es werden große Mengen an Rohstoffen verbraucht, Verschmutzung und Emissionen steigen, und Abfallmengen wachsen kontinuierlich. Natürliche Kreisläufe werden unterbrochen und wertvolle Materialien gehen unwiderruflich verloren.

Es ist daher dringend notwendig, dieses lineare Konzept zu überwinden und auf einen **zirkulären Wirtschaftsansatz („Cradle to Cradle")** umzusteigen. In der Kreislaufwirtschaft werden Produkte und Materialien so gestaltet, dass sie mehrfach verwendet, wiederaufbereitet, recycelt oder ins biologische System zurückgeführt werden. So lassen sich Ressourcen schützen, Umweltbelastungen minimie-

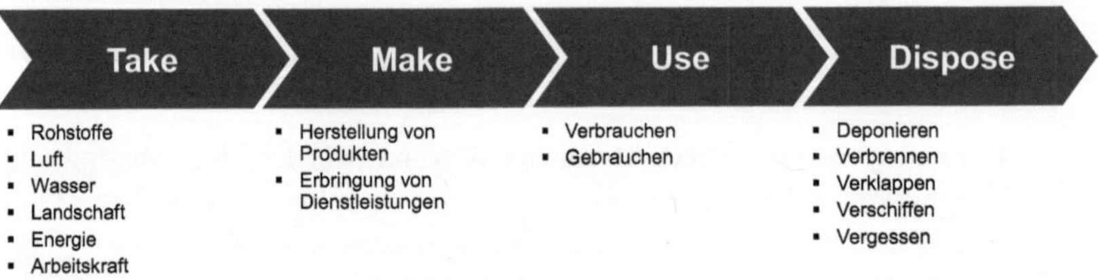

Abb. 2.1 Linearwirtschaft: Cradle to Grave – „von der Wiege zur Bahre"(Eigene Abbildung)

Abb. 2.2 Die 10 Rs
der Nachhaltigkeit
(eigene Abbildung)

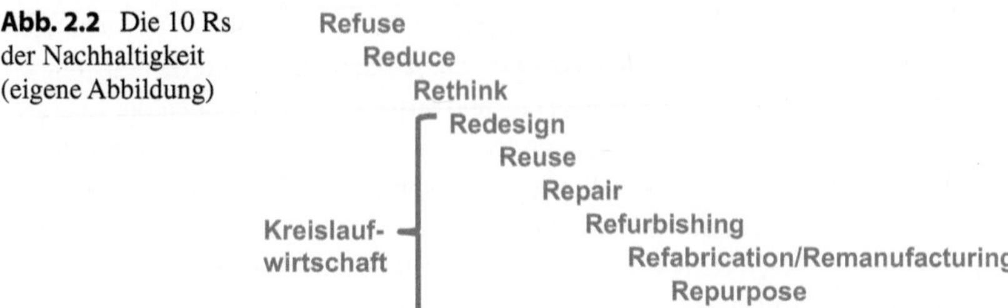

ren und nachhaltige Geschäftsmodelle etablieren, die sowohl ökologischen wie ökonomischen Nutzen stiften. Unternehmen, die frühzeitig auf zirkuläre Prinzipien setzen, stärken nicht nur ihre Wettbewerbsfähigkeit, sondern leisten auch einen entscheidenden Beitrag zum Klima- und Ressourcenschutz.

Abb. 2.2 macht anhand der **10 Rs der Nachhaltigkeit** deutlich, wie Unternehmen agieren können. Sie zeigt eine **Abfolge von Handlungsfeldern,** die entlang des Lebenszyklus eines Produkts ansetzen – von der grundsätzlichen Vermeidung bestimmter Maßnahmen und Materialien bis hin zum Recycling.

Welche Handlungsfelder sich hinter diesen Begriffen konkret verbergen, wird nachfolgend verdeutlicht. Durch derartige Maßnahmen wird die **Substanz einer nachhaltigen Unternehmensführung** geschaffen, die die Grundlage für Green Marketing und Green Branding liefert.

- **Refuse**
  Refuse bedeutet, bestimmte Rohstoffe, Produkte, Prozesse oder ganze Geschäftsmodelle konsequent abzulehnen, wenn sie nicht nachhaltig gestaltet werden können oder klar klimaschädlich sind. Im Zentrum steht der bewusste Verzicht. Was ökologisch oder sozial problematisch ist und wofür es bessere Alternativen gibt, wird gar nicht erst eingesetzt. Das kann den Ausstieg aus fossilen Energieträgern, den Verzicht auf Palmöl aus nicht zertifizierten Quellen oder die Aufgabe von Einweg-Plastiksortimenten umfassen. Refuse greift tief in Beschaffung, Produktion, Logistik und Marketing ein und verlangt die Bereitschaft, sich von etablierten, kurzfristig profitablen Praktiken zu trennen. Für Umwelt und Klima ist Refuse der wirksamste Hebel, weil schädliche Emissionen und Ressourcenverbräuche gar nicht erst entstehen.

- **Reduce**
  Reduce zielt darauf ab, den unvermeidbaren Einsatz von Ressourcen so weit wie möglich zu verringern und Abfälle systematisch zu minimieren. Im Mittelpunkt stehen Effizienzsteigerungen entlang der gesamten Wertschöpfungskette – von

der Rohstoffgewinnung über Transport und Produktion bis hin zu Verpackungen und Büroprozessen. Unternehmen optimieren dann ihre Lieferketten, nutzen leichtere oder wiederverwendbare Transportverpackungen, erhöhen die Energieeffizienz von Anlagen und reduzieren Material- und Papierverbrauch. So sinken nicht nur Emissionen und Abfallmengen, sondern auch Kosten. Das alles macht Reduce zu einem zentralen Baustein einer wirtschaftlich sinnvollen Nachhaltigkeitsstrategie. Nach dem vollständigen Verzicht (Refuse) ist Reduce die zweitbeste Option, um Umweltbelastungen spürbar zu senken.

- **Rethink**
Rethink bedeutet, Produkte, Dienstleistungen, Prozesse und Geschäftsmodelle grundlegend neu zu denken, statt Bestehendes nur leicht zu optimieren. Im Fokus steht die Frage: „Brauchen wir dieses Produkt in dieser Form überhaupt – oder gibt es ein völlig anderes, deutlich ressourcensparenderes Lösungskonzept?" Das kann etwa heißen, Einwegplastik-Verpackungen komplett durch kompostierbare oder wiederverwendbare Lösungen zu ersetzen oder den Produktverkauf durch Miet-, Leasing- oder „Product-as-a-Service"-Modelle abzulösen (vgl. Abschn. 2.2). Zum Rethink-Ansatz gehört auch, ganze Geschäftsmodelle von fossilen auf erneuerbare Energien umzustellen oder lineare durch zirkuläre Wertschöpfungslogiken zu ersetzen.

  Refuse, Reduce und Rethink liegen noch außerhalb der Handlungsfelder einer Kreislaufwirtschaft. Gleichwohl werden hier besonders wirksame Maßnahmen empfohlen, die für eine nachhaltige Unternehmensführung unverzichtbar sind. Die folgenden Handlungsfelder stellen dagegen den **Kern der Kreislaufwirtschaft** dar.

- **Redesign**
Redesign ist ein zentrales Prinzip der Kreislaufwirtschaft und konzentriert sich darauf, bestehende Produkte, Dienstleistungen, Prozesse oder Geschäftsmodelle gezielt sozial und ökologisch nachhaltiger zu gestalten (vgl. auch Abschn. 2.2). Im Unterschied zu Rethink geht es nicht um radikale Neuerfindungen, sondern um die zielgerichtete Verbesserung des Vorhandenen. Das bedeutet bspw., ressourcenschonende Materialien einzusetzen, den Energie- und Wasserverbrauch in der Produktion zu senken oder Produkte langlebiger und besser reparierbar zu machen. Auch eine verbesserte Recyclingfähigkeit und das Einführen von Rücknahmesystemen zur Wiederverwertung gehören dazu. Die ganze Wertschöpfungskette wird gezielt überarbeitet, um den ökologischen Fußabdruck in allen Lebenszyklusphasen zu minimieren. Je konsequenter Redesign angewandt wird, desto nachhaltiger werden Angebot und Unternehmenspraxis.

- **Reuse**

  Reuse – also eine Wieder- oder Weiterverwendung – bedeutet, Produkte, Komponenten oder Materialien möglichst lange im Nutzungskreislauf zu halten, bevor sie zu Abfall werden. Statt Produkte nach der ersten Verwendung zu entsorgen, werden sie erneut genutzt oder weiterverkauft oder verschenkt – etwa als Mehrwegflaschen oder Second-Hand-Kleidung. Auch die Wiederverwendung einzelner Bauteile (wie von Ersatzteilen aus alten Maschinen oder Autos) trägt dazu bei, Ressourcen zu schonen und Abfallmengen zu verringern. Plattformen wie eBay oder spezielle Rücknahme- und Reparaturprogramme von Herstellern unterstützen diese Strategie. Je länger ein Produkt oder seine Komponenten genutzt werden, desto geringer ist der Bedarf an neuen Primärrohstoffen und desto kleiner der entstehende Abfall. Reuse ist deshalb ein Schlüsselfaktor für Ressourcenschutz, Klimaschutz und die Förderung nachhaltiger Konsummuster; Reuse liefert wichtige Inhalte für Green Marketing und Green Branding.

- **Repair**

  Repair bedeutet, defekte oder verschlissene Produkte nicht zu ersetzen, sondern ihre Funktionsfähigkeit durch Wartung und Instandsetzung zu erhalten oder wiederherzustellen. Ziel ist es, den Nutzungszyklus so weit wie möglich zu verlängern und zu verhindern, dass Produkte vorschnell im Abfall landen. Das reicht von professionellen Reparaturwerkstätten über Herstellerservices und Do-it-yourself-Anleitungen bis hin zu Repair-Cafés, in denen Menschen gemeinsam mit ehrenamtlichen Profis Geräte, Kleidung oder Möbel wieder flott machen. Auch hier tut sich ein weites Handlungsfeld für Unternehmen auf. Schließlich werden immer noch viele Produkte reparaturfeindlich gestaltet – etwa durch verklebte Komponenten oder fehlende Ersatzteile. Dann wird deutlich, dass die Hersteller einen Neukauf aufgrund einer fehlenden Reparierbarkeit quasi erzwingen wollen.

  Allerdings ist aus Sicht der Kreislaufwirtschaft gerade das Repair besonders wertvoll, weil im Vergleich zur Neuproduktion deutlich weniger Primärressourcen benötigt werden. Es ist jedoch im Einzelfall auch abzuwägen, ob ältere Geräte im Gebrauch nicht höhere Emissionen verursachen als moderne, effizientere Alternativen. In solchen Fällen kann ein neues Produkt der längeren Nutzung eines deutlich älteren Produktes unter Nachhaltigkeitsaspekten überlegen sein (bspw. bei alten Heizungen, Kühlschränken PKWs, oder Flugzeugen).

- **Refurbishing**

  Refurbishing bezeichnet die qualitätsgesicherte Aufarbeitung gebrauchter oder beschädigter Produkte, damit diese in eine weitere Nutzungsphase starten können. Im Unterschied zur reinen Reparatur werden Geräte, Maschinen oder andere Güter oft komplett überprüft, gründlich gereinigt, mit neuen oder verbesserten Komponenten ausgestattet und anschließend getestet. Typische Beispiele sind generalüberholte IT-Hardware, Maschinen, Gebrauchtwagen, Möbel oder runderneuerte Reifen, die als „refurbished" mit Garantie erneut in den Markt gebracht werden. Auch das ist ein spannendes Handlungsfelder für Hersteller und Händler.

Durch Refurbishing bleibt ein großer Teil des ursprünglichen Produktwertes erhalten, der Bedarf an neuen Rohstoffen sinkt und Abfallmengen werden reduziert. Insgesamt ist Refurbishing ein wirkungsvoller Hebel, um Ressourcen zu schonen und Produktlebenszyklen zu verlängern. Wie bei Repair ist auch hier zu prüfen, ob im Einzelfall eventuell höhere Emissionen im Betrieb gegenüber einem sehr effizienten Neuprodukt ins Gewicht fallen.

- **Refabrikation/Remanufacturing**
  Refabrikation bzw. Remanufacturing bezeichnet einen industriellen Aufbereitungsprozess, bei dem gebrauchte Produkte oder Anlagen so zerlegt, gereinigt, geprüft und mit neuen bzw. überarbeiteten Teilen wieder aufgebaut werden, dass sie dem Qualitätsniveau eines Neuprodukts entsprechen. Im Unterschied zu Reparatur oder einfachem Refurbishing wird das Produkt dafür meist vollständig demontiert. Verschleißteile werden systematisch ersetzt, Technik wird bei Bedarf auf den neuesten Stand gebracht und abschließend erfolgt eine umfassende Qualitätsprüfung.

  Typische Einsatzfelder von Refabrikation bzw. Remanufacturing sind Maschinen und Anlagen, Motoren und Getriebe, Medizintechnik, Druckerpatronen oder Schienenfahrzeuge (etwa durch Flixtrain), die nach der Aufarbeitung erneut viele Jahre genutzt werden können. Dadurch verlängert sich der Produktlebenszyklus deutlich, Primärrohstoffe und Energie für Neuproduktionen werden eingespart und Abfallmengen sinken – ein zentraler Hebel der Kreislaufwirtschaft. Gleichzeitig können Kunden hochwertige „wie-neu"-Produkte zu günstigeren Preisen erhalten, während Unternehmen zusätzliche Erlösquellen und ein nachhaltigeres Markenprofil aufbauen. Unternehmen, die sich hier engagieren, haben spannende Inhalte für ihre nachhaltige Kommunikation.

- **Repurpose**
  Repurpose steht für die kreative Umnutzung von Produkten, Materialien oder Gebäuden, bei der sie einen neuen Zweck erhalten, statt entsorgt oder recycelt zu werden. Anders als bei Reuse werden die Dinge nicht einfach für denselben Zweck weiterverwendet, sondern in einen neuen Kontext überführt. Dann werden ehemalige Industrieareale zu Wohn- oder Kulturquartieren umgebaut oder Glasflaschen zu Vasen und Holzkisten zu Regalen. Auch ausgemusterte Schiffe, die versenkt und als künstliche Riffe dienen, oder Bauteile, die in völlig anderen Produkten weiterverwendet werden, sind Beispiele für Repurpose. Diese Um-

nutzung verlängert die Lebensdauer vorhandener Ressourcen, reduziert den Bedarf an Primärmaterialien und vermeidet Abfall, ohne den Energieaufwand einer vollständigen stofflichen Verwertung. So trägt Repurpose wesentlich dazu bei, Wert in bestehenden Objekten zu erhalten und die Transformation von der Wegwerf- zur Kreislaufwirtschaft sichtbar und erlebbar zu machen. Wer solche Projekte selbst betreibt oder unterstützt, hat zusätzliches „Futter" für die Kommunikation.

- **Recycle**

Recycling ist ein zentrales, aber in der Abfallhierarchie eher nachgelagertes Prinzip der Kreislaufwirtschaft. Bereits hergestellte Materialien werden nach ihrer Nutzung getrennt, aufbereitet und als Sekundärrohstoffe wieder in die Produktion zurückgeführt. Ziel ist es, Primärrohstoffe zu schonen, Abfallmengen zu verringern und die im Material gebundene Energie möglichst lange im Kreislauf zu halten. Wichtig ist: Recycling setzt in der Regel erst an, wenn ein Produkt bereits „am Ende" seiner Nutzung steht – deswegen sollte es immer durch vorangehende Strategien wie Refuse, Reduce, Reuse, Repair und Refurbish ergänzt werden.

Beim **Upcycling** werden Abfallstoffe oder scheinbar unbrauchbare Produkte so umgestaltet, dass etwas qualitativ Hochwertigeres oder gestalterisch Anspruchsvolleres entsteht. Beispiele sind Möbel aus alten Europaletten, Taschen aus LKW-Planen, Schmuck aus Besteck oder Münzen oder Spielzeug und Kunstobjekte aus alten Autoreifen und Stoffresten. Statt das Material zu entsorgen, wird sein Wert gesteigert und die Lebensdauer deutlich verlängert.

Downcycling beschreibt hingegen die stoffliche Verwertung, bei der das Material zwar im Kreislauf bleibt, seine Qualität und Einsatzmöglichkeiten aber sinken. So wird recycelter Kunststoff zu Pflanzkübeln, Parkbänken oder Zaunelementen. Mehrfach recyceltes Papier kann nur noch zu Toilettenpapier oder Eierkartons, Altreifen zu Granulat für Bodenbeläge oder Dämmstoffe verwendet werden. Auch verunreinigtes Glas, das nicht mehr als Behälterglas taugt, findet sich häufig nur noch als Zuschlagstoff in Bau- oder Isoliermaterialien wieder. Downcycling ist besser als Entsorgung, weil die Ressourcen weiterverwendet werden.

Daneben entstehen zunehmend Verfahren, die hochwertige Sekundärrohstoffe ohne oder mit geringen Qualitätsverlusten bereitstellen. Hierbei geht es etwa um die Rückgewinnung von Metallen aus Elektronikschrott. **Chemisches Recycling** von Kunststoffen geht noch einen Schritt weiter, indem gemischte oder verschmutzte Kunststoffabfälle in ihre molekularen Bausteine zerlegt werden. Aus diesen lassen sich nahezu neuwertige Kunststoffe herstellen. Damit können auch Abfallströme genutzt werden, die mechanisch kaum oder nur mit starkem Qualitätsverlust recycelbar wären. Allerdings sind diese Verfahren energieintensiv, technisch komplex und momentan noch teuer, weshalb sie eher als Ergänzung zu Vermeidung, Wiederverwendung und mechanischem Recycling zu sehen sind.

Unternehmen können sich im Zuge einer nachhaltigen Unternehmensführung entweder selbst um Recycling-Lösungen bemühen oder auf diesem Weg gewonnene Materialen für eigene Produktionsprozesse verwenden.

▶ **Nachhaltig handeln** Die **10 R der Nachhaltigkeit** eröffnen den Unternehmen eine Vielzahl von Handlungsfeldern, um eine echte nachhaltige Unternehmensführung zu erreichen.

2.4 Nutzung digitaler Kanäle und datenbasierter Insights

Die **digitalen Technologien** eröffnen im Green Marketing vielfältige Möglichkeiten, **Nachhaltigkeitsbotschaften** wirkungsvoll und zielgerichtet zu kommunizieren und so das Kundenverhalten positiv zu beeinflussen. Social-Media-Plattformen machen nachhaltige Markenwerte emotional erlebbar und stärken den Dialog mit den relevanten Zielgruppen. Unternehmen können nachhaltige Markenbotschaften sehr konkret erlebbar machen und dadurch Kaufentscheidungen beeinflussen. So können Marken auf Instagram, TikTok oder YouTube kurze, authentische Einblicke in ihre Lieferkette geben – etwa Reels aus der Produktion mit Fokus auf erneuerbare Energien, faire Arbeitsbedingungen oder recycelte Materialien. Diese können die Unternehmen mit klaren Fakten, Labels und weiterführenden Links zu Nachhaltigkeitsberichten verknüpfen. Ergänzend lassen sich interaktive Formate wie Umfragen, Quizze oder „Swipe-Vergleiche" (z. B. CO_2-Fußabdruck eines Standard- vs. eines Eco-Produkts) nutzen, um Nutzer aktiv einzubinden und zum bewussteren Konsum zu motivieren (vgl. vertiefend Kreutzer und Klose 2025).

Ein **Influencer-Marketing** kann diese Wirkung gezielt verstärken, wenn Unternehmen mit glaubwürdigen, thematisch passenden Creators zusammenarbeiten. Konkrete Maßnahmen sind **„Sustainable Hauls",** in denen Influencer nur langlebige oder zirkuläre Produkte vorstellen. Der Begriff „Haul" steht in diesem Kontext für „Shopping-Ausbeute" – hier konkretisiert durch die gefundenen nachhaltigen Produkte. Außerdem können gemeinsame **Zero-Waste-Challenges** mit ihrer Community oder **„Behind-the-Scenes"-Storys** bei Aufforstungs- oder Cleanup-Projekten einer Marke unterstützen. Langfristige Kooperationen, in denen Influencer Produkte mitentwickeln, sie im Alltag testen und auch kritisch begleiten, erhöhen die Glaubwürdigkeit zusätzlich. Ergänzt durch klar gekennzeichnete, „shoppable" Inhalte, bei denen Nutzer direkt nachhaltige Produktalternativen auswählen können, entsteht ein digitaler Erlebniskorridor, der Green Marketing und Green Branding vom bloßen Versprechen in konkrete, nachvollziehbare Handlungsoptionen für Konsumenten übersetzt (vgl. vertiefend Kilian und Kreutzer 2022).

Auch **personalisierte Werbung** lässt sich im Green Marketing sehr konkret einsetzen, indem Unternehmen Nachhaltigkeitsbotschaften dynamisch an Interessen, Werte und Verhalten einzelner Nutzer anpassen. So können etwa Kunden, die sich häufig vegane Rezepte ansehen, gezielt Anzeigen für pflanzenbasierte Produkte mit Informationen zu CO_2-Einsparungen erhalten. Mobilitätsaffine erhalten dagegen personalisierte Angebote für ÖPNV-Abos, Carsharing oder E-Bikes. E-Mail- und Marketing-Automation-Systeme können Trigger nutzen (z. B. Warenkorbabbruch bei einem konventionellen Produkt), um passende, nachhaltigere Alternativen mit klarem Nutzenversprechen auszuspielen.

Eine **datengetriebene Kampagnensteuerung** ermöglicht es außerdem, in Echtzeit zu testen, welche Nachhaltigkeits-Argumente bei welchen Zielgruppen am besten funktionieren – etwa Preisersparnis durch Energieeffizienz, gesundheitliche Vorteile oder der Beitrag zum Klimaschutz. **Dashboards** und **A/B-Tests** zeigen, welche Motive die höchste Klick- und Conversion-Rate erzielen, sodass Motive, Formate und Kanäle kontinuierlich optimiert werden können. Gleichzeitig lässt sich der ökologische Fußabdruck der Mediaaussteuerung reduzieren, indem zum Beispiel wenig wirksame Ausspielungen abgeschaltet, Reichweite auf effiziente Kanäle gebündelt oder „Green-Media"-Umfelder bevorzugt werden. So werden Budget, Energie und Aufmerksamkeit ressourcenschonend eingesetzt und die Wirkung von Green-Marketing-Maßnahmen messbar gesteigert (vgl. Kreutzer und Klose 2025).

Die heute verfügbaren **Analytics-Tools** in Verbindung mit **Big Data** und **Künstliche Intelligenz** transformieren das Green Marketing, indem sie eine tiefgehende Analyse von Kundenpräferenzen, Verhalten und Erwartungen ermöglichen. Unternehmen nutzen beispielsweise **KI-basierte Customer-Analytics-Plattformen,** um herauszufinden, welche Produktfeatures oder Nachhaltigkeitsargumente ihre Zielgruppen wirklich ansprechen – etwa durch Verhaltens- und Pfadanalyse, Segmentierung nach ökologischen Konsummotiven oder Social-Listening zu Nachhaltigkeitsthemen in sozialen Medien.

Mit Hilfe dieser Insights werden **dynamisch personalisierte Produktempfehlungen** erstellt für ressourcenschonende Alternativen, Recyclingprogramme oder Sharing-Angebote. **KI-gestützte Chatbots** können Kunden zu nachhaltigen Markenoptionen beraten. **Datenbasierte Prognosemodelle** helfen,

Trends im Konsumverhalten frühzeitig zu erkennen und die Entwicklung neuer ökologischer Dienstleistungen voranzutreiben. So entstehen individuell zugeschnittene Kampagnen, die nachhaltige Innovation und Marktforschung verbinden, Conversion-Raten steigern und die Kommunikation laufend optimieren. Dadurch werden nicht nur Kundenbindungen im Green Marketing gestärkt, sondern auch Produktentwicklungen und nachhaltige Unternehmensstrategien gezielt auf die aktuelle Nachfrage ausgerichtet (vgl. Kreutzer 2023b).

▶   **Nachhaltig merken** **Digitale Technologien** sind für effektives Green Marketing unverzichtbar geworden. Sie ermöglichen nicht nur Reichweite und Personalisierung, sondern steigern durch datenbasierte Steuerung die Glaubwürdigkeit und Effizienz nachhaltiger Marketingstrategien.

2.5 Monitoring, Controlling und Reporting nachhaltiger Maßnahmen

Die in Kap. 1 beschriebenen Ebenen Planet, People und Profit müssen sich konsequent im Nachhaltigkeits-Monitoring und im Nachhaltigkeits-Controlling widerspiegeln. **Nachhaltigkeits-Monitoring (Green Monitoring)** fokussiert auf die laufenden Prozesse. Es erfasst systematisch Daten über Abläufe und deren Auswirkungen auf Umwelt, Gesellschaft und Wirtschaft, häufig unterstützt durch digitale Mess-, Sensor- und Berichtssysteme. Ziel ist zu prüfen, ob Prozesse wie geplant verlaufen und definierte Nachhaltigkeits-Schwellenwerte eingehalten werden; bei Abweichungen kann frühzeitig gegengesteuert werden.

Das **Nachhaltigkeits-Controlling (Green Controlling)** bereitet darauf aufbauend entscheidungsrelevante Informationen für alle Bereiche der nachhaltigen Unternehmensführung auf. Es erweitert klassische finanzielle Steuerungsgrößen um ökologische und soziale Kennzahlen und schafft damit Transparenz über sämtliche wesentliche Wirkungen der Geschäftstätigkeit. Controller agieren hier als Business-Partner, die Fachbereiche bei der Planung, Umsetzung und Zielerreichung von Nachhaltigkeitsstrategien unterstützen und somit die Transformation von Wertschöpfungslogik und Geschäftsmodell in Richtung Nachhaltigkeit absichern.

Mögliche **Key Performance Indicators** für Monitoring und Controlling reichen – je nach Geschäftsmodell – vom Materialeinsatz (Energie, Wasser, Fläche) über Emissionen, Abfallmengen und Quoten für Redesign, Repair, Refurbishing, Remanufacturing und Recycling bis hin zu Arbeitsbedingungen, Gleichstellung, Diversität und Umfang von Kompensationsmaßnahmen. Weitere Kennzahlen ergeben sich aus gesetzlichen Vorgaben sowie den konkreten Handlungsfeldern der Kreislaufwirtschaft und ermöglichen eine fundierte Bewertung von Prozessen und Ergebnissen. Entscheidend ist, dass ökonomische, ökologische und soziale Kriterien gleichrangig bewertet werden und nicht Umwelt- und Sozialaspekte als bloße Nebenbedingungen gelten – genau darin liegt der **Kern der Triple-Bottom-Line.**

Die relevanten **Nachhaltigkeits-Kennzahlen** lassen sich in unterschiedliche Konzepte des Nachhaltigkeits-Controllings einbetten, die je nach Branche und Unternehmensreife kombiniert werden können. Eine besondere Bedeutung kommt dabei dem Öko-Audit zu. Ein **Öko-Audit** ist ein strukturiertes Prüfverfahren, mit dem ein Unternehmen sein Handeln im Hinblick auf definierte Nachhaltigkeitsziele analysiert. Es kann strategisch ausgerichtet sein, um Geschäftsmodell, Unternehmensstrategie und Leitbilder auf ihre ökologische und soziale Tragfähigkeit zu überprüfen. Operativ kann es darum gehen, den Nachhaltigkeitsgrad von Prozessen, Standorten oder Produkten zu bewerten. Typische Prüffragen betreffen mögliche Lücken zwischen Anspruch und Realität (vgl. Baumgarth und Binckebanck, 2018, S. 295–297):

- **Verankerungslücke:** Sind die propagierten Nachhaltigkeitswerte tatsächlich in Strukturen, Prozessen und Kultur verankert – oder bleiben sie auf Kommunikations- oder Leitbildebene stehen?
- **Umsetzungslücke:** Werden die formulierten Ziele in allen relevanten Handlungsfeldern (z. B. Beschaffung, Produktion, Logistik, Marketing) konsequent umgesetzt?
- **Erlebnislücke:** Erleben Kunden, Mitarbeiter und andere Stakeholder die Nachhaltigkeitsversprechen im Kontakt mit Marke, Produkt und Service – oder bleibt Green Marketing eine leere Behauptung?
- **Glaubwürdigkeitslücke:** Gilt das Unternehmen bei internen und externen Anspruchsgruppen als vertrauenswürdig und authentisch, oder stehen Zweifel und Greenwashing-Vorwürfe im Raum?

Auf Basis der Ergebnisse eines solchen Öko-Audits lassen sich Maßnahmen zur Schließung dieser Lücken ableiten, etwa Anpassungen der Strategie, Anpassung von Prozessen, Nachschärfung der Kommunikation oder der Aufbau eines systematischen Risikomanagements entlang der Lieferkette. Damit wird das Öko-Audit zu einem zentralen Instrument, um Nachhaltigkeitsziele in Planet-, People- und Profit-Dimension nicht nur zu definieren, sondern auch überprüfbar in der Unternehmenspraxis zu verankern.

▶ **Nachhaltig handeln** Ein **Öko-Audit** wird dann wirksam, wenn Unternehmen es nicht als einmalige Prüfung, sondern als wiederkehrenden Management-Prozess verstehen, der konkrete Ziele, Verantwortlichkeiten und Verbesserungsmaßnahmen definiert. Entscheidend ist, dass die Ergebnisse transparent kommuniziert, Maßnahmen mit Budgets und Zeitplänen hinterlegt und Fortschritte regelmäßig überprüft werden, sodass das Audit spürbar in Entscheidungen, Prozesse und das Green Marketing hineinwirkt.

Ein weiteres wertvolles Werkzeug zur Analyse einer nachhaltigen Unternehmensführung ist die **Öko-Bilanz** (vgl. Abb. 2.3). Sie ist ein Instrument zur systematischen Erfassung, Analyse und Bewertung der Umweltwirkungen von Produkten, Dienstleistungen, Prozessen oder ganzen Unternehmen über deren gesamten Lebenszyklus hinweg. Häufig wird sie als **Life Cycle Assessment** (LCA) bezeichnet und knüpft an zuvor definierte Nachhaltigkeitskriterien an. Erfasst werden alle Phasen „von der Wiege bis zur Bahre": Rohstoffgewinnung und Vorprodukte, Produktion und Verpackung, Distribution, Nutzung bzw. Verbrauch sowie Rücknahme, Wiederverwertung und Entsorgung. Für jede dieser Stufen werden die ökologischen – und je nach Ansatz auch sozialen – Effekte quantifiziert, sodass sich Hotspots identifizieren, Prozesse optimieren und die Vergabe von Umweltzeichen wie dem Blauen Engel fundiert begründen lassen.

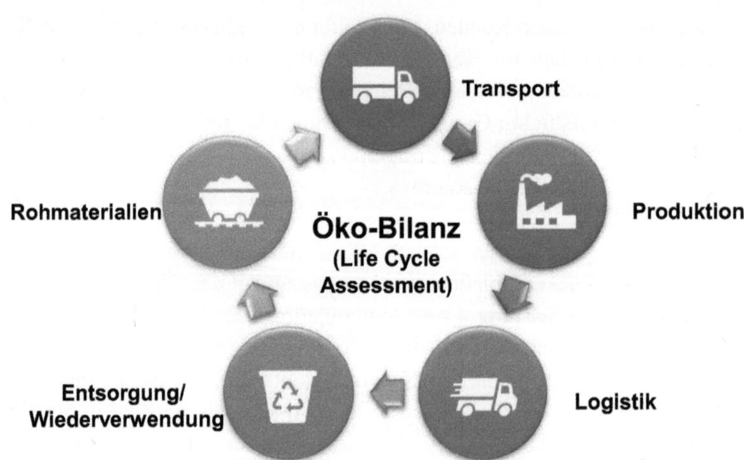

Abb. 2.3 Analysefelder einer Öko-Bilanz (Eigene Abbildung)

Zwei **Grundprinzipien** sind dabei zentral: Erstens die **ressourcenübergreifende Betrachtung,** bei der alle relevanten Belastungen für Boden, Luft und Wasser berücksichtigt werden. Zweitens die **stoffstromintegrierte Perspektive,** die sämtliche ein- und ausgehenden Stoff- und Energieströme (Rohstoffe, Emissionen, Energieerzeugung, Transporte etc.) entlang des Systems einbezieht. Methodisch stützt sich die Öko-Bilanz auf international anerkannte Normen (DIN EN ISO 14040 und 14044). Diese sehen vier iterative Phasen vor: Ziel- und Untersuchungsrahmen definieren, Sachbilanz erstellen, Wirkungsabschätzung durchführen und die Ergebnisse auswerten. Im Unterschied zu spezialisierten Kennzahlen wie CO_2- oder Wasserfußabdruck integriert die Öko-Bilanz alle wesentlichen Umweltwirkungen in einem Gesamtbild – nutzt jedoch vergleichbare Berechnungslogiken –, sodass sie zu einem zentralen Baustein eines ganzheitlichen Nachhaltigkeits-Controlling-Systems wird.

▶ **Nachhaltig handeln** Unternehmen sollten **Öko-Bilanzen** gezielt nutzen, um entlang des gesamten Lebenszyklus ihrer Produkte die größten Umweltbelastungen zu identifizieren und priorisiert zu reduzieren. Wichtig ist, die gewonnenen Erkenntnisse in konkrete Maßnahmen zu übersetzen – etwa durch umweltfreundlichere Materialien, effizientere Prozesse oder zirkuläre Geschäftsmodelle – und Fortschritte regelmäßig anhand einheitlicher Kennzahlen zu überprüfen.

Ein wichtiges Handlungsfelder für eine nachhaltige Unternehmensführung und damit auch für das Green Marketing stellt die **Ermittlung des Corporate und Product Carbon Footprint** dar. Die Berechnung des CO_2-Fußabdrucks ist für viele Unternehmen anspruchsvoll, gleichzeitig aber Grundlage gesetzlicher Berichtspflichten und wirksamer Klimastrategien. Studien zeigen, dass ein wachsender Anteil der Unternehmen Emissionen digital erfasst, kompensiert oder entsprechende Maßnahmen plant. Kern des Managements ist die Erstellung eines Corporate Carbon Footprint auf Basis des **Greenhouse Gas Protocol.** Zunächst wird definiert, welche Standorte, Aktivitäten und Scopes (direkte Emissionen, eingekaufte Energie, vor- und nachgelagerte Wertschöpfung) erfasst werden sollen. Ergänzend legt der Product Carbon Footprint die Emissionen einzelner Produkte oder Services über den gesamten Lebenszyklus offen – von der Rohstoffgewinnung über Produktion und Logistik bis hin zu Nutzung und End-of-Life („Cradle to Customer plus End of Life").
Spezialisierte Softwarelösungen unterstützen dabei, Energie- und Aktivitätsdaten (z. B. Stromverbrauch, Geschäftsreisen, Pendelwege) in **CO_2-Äquivalente** zu überführen, auf Dashboards auszuwerten und Reduktionspotenziale zu identifi-

zieren. Plattformen wie Salesforce Net Zero Cloud oder SAP-Lösungen für Sustainability und Product Footprint Management integrieren Emissionsdaten, ESG-Kennzahlen sowie die relevanten Reporting-Standards, sodass Unternehmen sowohl den Corporate als auch den Product Carbon Footprint fortlaufend monitoren und regulatorische Anforderungen erfüllen können. Auf dieser Basis lassen sich Hotspots erkennen, Maßnahmen priorisieren (Energieeffizienz, erneuerbare Energien, Design-Änderungen, Kreislaufmodelle) und unvermeidbare Emissionen gezielt kompensieren (vgl. vertiefend Kreutzer 2023a).

▶ **Nachhaltig handeln** Unternehmen sollten für zentrale Produkte und Geschäftsbereiche einen standardkonformen **Corporate und Product Carbon Footprint** erstellen, diesen regelmäßig aktualisieren und klare Reduktionsziele mit Zeitplan hinterlegen. Wichtig ist, die gewonnenen Erkenntnisse direkt in Investitions-, Beschaffungs- und Design-Entscheidungen einfließen zu lassen, statt sich auf Kompensation zu beschränken. Dann wird **Carbon Accounting** zum Motor echter Emissionsminderung.

Eine besondere Bedeutung kommt einem **Dashboard zur Analyse einer grünen Markenführung** zu. Schließlich benötigt eine konsistente grüne Markenführung ein zentrales Dashboard, das die relevanten Nachhaltigkeitskennzahlen sichtbar macht und die im Unternehmen umgesetzten Maßnahmen auswertet. Ein solches Dashboard fungiert als Steuerungszentrale. Es verknüpft Daten aus Produktentwicklung, Einkauf, Produktion, Logistik, Marketing, HR und Finanzbereich und macht auf einen Blick deutlich, wie stark **Nachhaltigkeit bereits im Kerngeschäft verankert** ist – und wo noch Lücken bestehen. Auf dieser Basis können Ziele hinterlegt, Entwicklungen über die Zeit verfolgt und Abweichungen früh erkannt werden. Auf aggregierter Ebene lassen sich unter anderem folgende Kennzahlen abbilden und kommentieren:

- **Nachhaltiger Umsatz**
  Anteil des Gesamtumsatzes, der mit klar definierten nachhaltigen Produkten und Dienstleistungen erzielt wird (z. B. nach Label, CO_2-Schwellenwert, Sozialstandard). Hier lässt sich zusätzlich ausweisen, wie viel davon auf zirkuläre Modelle wie Leasing, Sharing oder Refurbished-Angebote entfällt.
- **Nachhaltiges Sortiment**
  Anteil des Sortiments, der diese Nachhaltigkeitskriterien erfüllt – gewichtet nach Umsatz oder Stückzahl. So wird sichtbar, ob Nachhaltigkeit Nische oder Standard ist, und welche Kategorien besonders weit oder besonders rückständig sind.

- **Nachhaltige Werbung**
  Anteil des Werbe- und Media-Budgets, das für nachhaltige Angebote bzw. Kampagnen mit Green Claims eingesetzt wird. Ergänzend können Qualitätsindikatoren wie Reichweite, Engagement-Rate oder Brand-Lift-Messungen speziell für Nachhaltigkeitskommunikation integriert werden.

- **Nachhaltiges Design**
  Anteil der Produkte und Dienstleistungen, die nach Ökodesign-Prinzipien entwickelt wurden: ressourcenschonend, reparierbar, kreislauffähig (etwa Reuse, Repair, Refurbish, Recycle), mit reduziertem CO_2-Fußabdruck über den Lebenszyklus. Hier kann auch ein Reifegrad (z. B. Basis–Fortgeschritten–Best Practice) hinterlegt werden.

- **Reduktion von Emissionen und Abfall**
  Prozentuale Verringerung von Treibhausgasemissionen, Abfallmengen und ggf. weiterer Umweltbelastungen (z. B. Wasserverbrauch) gegenüber einem definierten Basisjahr – differenziert nach Kategorien, Scope-Bereichen und Produktgruppen.

- **Beschaffung aus zertifiziert nachhaltigen Quellen**
  Anteil der eingekauften Rohstoffe und Vorprodukte, die nach anerkannten Standards (z. B. FSC, Fairtrade, Bio-Siegeln) zertifiziert sind. Sinnvoll ist eine Aufschlüsselung nach Materialklassen (Papier/Holz, Agrarrohstoffe, Metalle etc.).

- **Investitionen in nachhaltige Angebote**
  Anteil des gesamten F&E- und Innovationsbudgets, der in nachhaltige Produkt- und Dienstleistungs-Entwicklungen fließt. Ergänzend können hier die Anzahl grüner Innovationsprojekte oder der Anteil neuer „Green Products" am Gesamt-Launch-Portfolio ausgewiesen werden.

- **Investitionen in nachhaltige Prozesse**
  Anteil des Investitionsvolumens, das in Effizienzsteigerung, erneuerbare Energien, Kreislauflösungen, digitale Monitoring- und Reporting-Tools sowie nachhaltige Logistikkonzepte fließt.

- **Mitarbeiter in „grünen Bereichen"**
  Anteil der gesamten Belegschaft, der direkt in Nachhaltigkeitsfunktionen oder -projekten arbeitet (Sustainability-Teams, Green Ambassadors, Kreislaufprojekte etc.). Ergänzend kann die Anzahl der Schulungsstunden zu Nachhaltigkeit pro Mitarbeiter ausgewiesen werden.

- **Variabler Vergütungsanteil mit Nachhaltigkeitsbezug**
  Anteil der variablen Vergütung (Bonus, Zielvereinbarungen), der an ökologische und soziale Kennzahlen gekoppelt ist – getrennt nach Ziel- (Potenzial) und Ist-Werten (tatsächlich ausgeschüttet). Dies zeigt, wie stark Nachhaltigkeit tatsächlich in die Anreizsysteme integriert ist.

- **Stakeholder- und Markenwahrnehmung**
  Indikatoren zu Markenvertrauen, wahrgenommener Glaubwürdigkeit und Relevanz von Nachhaltigkeit in der externen und internen Wahrnehmung (Brand-Tracking, Befragung von Mitarbeitern, Investor-Feedback).
- **Regulatorische Konformität und Ratings**
  Erfüllungsgrad relevanter regulatorischer Vorgaben (z. B. Berichtspflichten, Lieferkettenstandards) und Entwicklung externer Nachhaltigkeits- und ESG-Ratings, soweit vorhanden.

Ein solches **Dashboard zur Analyse einer grünen Markenführung** sollte interaktiv gestaltet sein: Nutzer können nach Region, Marke, Produktkategorie oder Zeitraum filtern, in Detailansichten hineinklicken und sich Best-Practice-Beispiele anzeigen lassen. Kommentarfelder ermöglichen es, Abweichungen zu erklären und geplante Maßnahmen zu dokumentieren. Wichtig ist zudem eine klare Definition aller Kennzahlen (Scope, Datenquelle, Berechnungsmethode), um Vergleichbarkeit zu sichern und „Wassermelonen-Effekte" (außen grün, innen rot) zu vermeiden.

▶ **Nachhaltig handeln** Eine glaubwürdige grüne Markenführung erfordert, dass Unternehmen ihre Nachhaltigkeitsleistungen nicht nur kommunizieren, sondern über ein robustes **Dashboard** messbar machen. Wer für jedes Handlungsfeld klare KPIs definiert, Daten sauber erhebt und die Ergebnisse regelmäßig in Entscheidungen, Budgets und Anreizsysteme einfließen lässt, schafft die Grundlage dafür, dass Green Marketing und Green Branding auf Substanz statt auf Wunschdenken beruhen.

Die **Balanced Scorecard mit Sustainability-Modul** erweitert das klassische Konzept von Kaplan und Norton (1997) um eine explizite Nachhaltigkeitsperspektive. Sie verbindet damit finanzielle, kundenbezogene, prozessuale und mitarbeiterbezogene Ziele mit ökologischen und sozialen Zielgrößen zu einem **integrierten Steuerungs-Cockpit.** Das Attribut „balanced" bedeutet, dass keine Perspektive dauerhaft auf Kosten der anderen optimiert werden darf: Finanzkennzahlen, Kundenzufriedenheit, Prozessqualität, Mitarbeiterentwicklung und Nachhaltigkeit sind gleichrangig zu berücksichtigen (vgl. Abb. 2.4). Ausgangspunkt bleiben Purpose, Vision und Mission des Unternehmens, aus denen für jede Perspektive konkrete Ziele, Kennzahlen, Zielwerte und Maßnahmen abgeleitet werden.

In der **Finanzperspektive** wird erfasst, wie sich (nachhaltige) Strategien in Umsatz, Ergebnis, Cashflow und Risikoprofil niederschlagen. Die **Kundenperspektive**

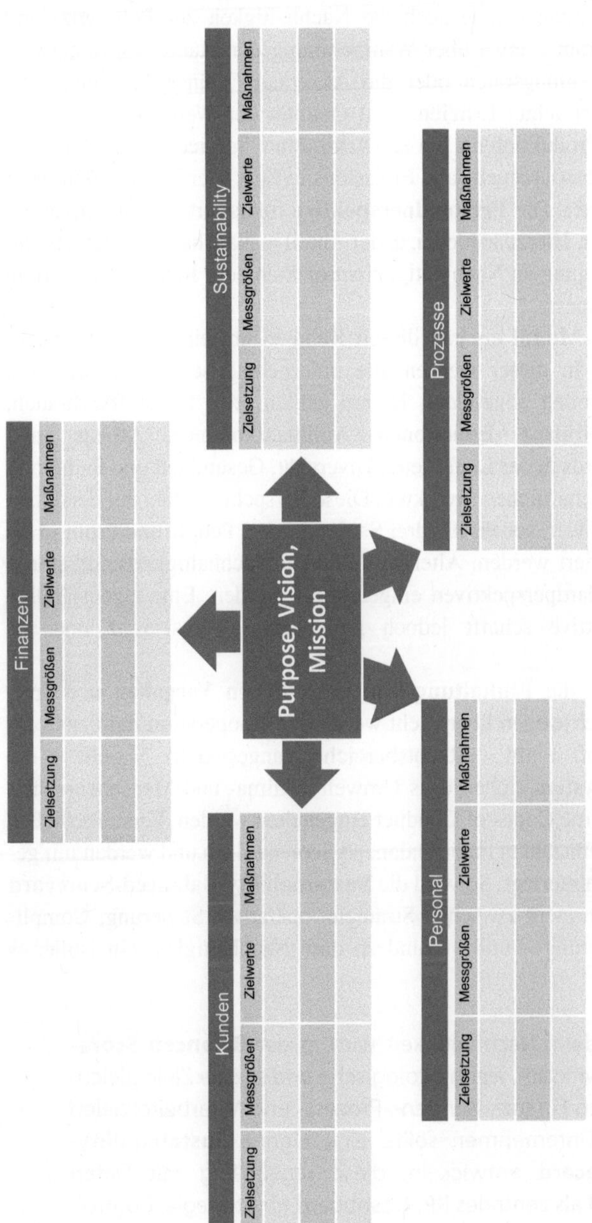

Abb. 2.4 Balanced Scorecard mit Sustainability-Modul (Eigene Abbildung)

misst, in welchem Umfang gerade auch die Nachhaltigkeit zur Präferenz- und Loyalitätsbildung beiträgt – etwa über Wahrnehmung der Marke als verantwortungsvoll, Weiterempfehlungsraten oder die Akzeptanz grüner Aufpreise. Die **Prozessperspektive** betrachtet Effizienz und Qualität der Wertschöpfungskette, von Beschaffung und Produktion bis hin zu Distribution, Service und Rücknahme. Hierzu werden z. B. Ressourceneinsatz, Emissionsniveaus oder Kreislauffähigkeit der Prozesse ausgewertet. Die **Personalperspektive** fokussiert auf Qualifikation, Engagement und Kultur. Hierzu zählen u. a. der Anteil in Nachhaltigkeit geschulter Mitarbeiter, die Beteiligung an Nachhaltigkeitsprojekten oder Innovationsleistung im Bereich Green Business.

Das **Sustainability-Modul** ergänzt diesen Rahmen um eine explizite Nachhaltigkeitsperspektive. In dieser werden alle unternehmerischen Umwelt- und Sozialwirkungen gebündelt abgebildet. Hierzu zählen etwa Rohstoffverbrauch, Energie- und Wasserbilanz, Emissionen, Abfallaufkommen, Arbeits- und Menschenrechtsstandards in der Lieferkette, Diversität, Gesundheit und Sicherheit oder Beitrag zu gesellschaftlichen Projekten. Diese Perspektive steht auf derselben Ebene wie die anderen vier, sodass die drei Säulen Planet, People und Profit in einem Instrument integriert werden. Alternativ können Nachhaltigkeitsindikatoren auch in die vier Standardperspektiven eingearbeitet werden. Eine eigenständige Nachhaltigkeitsperspektive schafft jedoch meist mehr Transparenz und Signalwirkung.

Parallel dazu muss die **Einhaltung von gesetzlichen Vorgaben** und **freiwilligen Selbstverpflichtungen** überwacht werden. In Kooperation mit der Compliance-Funktion (oft im Rechtsbereich angesiedelt) stellt ein **Green-Compliance-System** sicher, dass Umwelt-, Klima- und Menschenrechtsvorschriften sowie interne Codes of Conduct eingehalten werden. Verstöße fließen als Risiken und ggf. Kennzahlen in die Balanced Scorecard ein und werden mit geeigneten Maßnahmen hinterlegt. So wird die **Sustainability-Balanced-Scorecard** zu einem Brückeninstrument zwischen Strategie, operativer Steuerung, Compliance und Berichterstattung – und verhindert, dass Nachhaltigkeit ein isoliertes Nebenprojekt bleibt.

▶ **Nachhaltig handeln** Nachhaltigkeit wird in der **Balanced Scorecard** nur dann wirksam, wenn ökologische und soziale Ziele gleichberechtigt neben Finanz-, Kunden-, Prozess- und Mitarbeiterzielen stehen. Jedes Unternehmen sollte eine eigene **Sustainability-Balanced-Scorecard** entwickeln, diese regelmäßig mit Daten hinterlegen und als zentrales KPI-Dashboard für Strategie, Controlling und Green Governance nutzen.

Literatur

Baumgarth C, Binckebanck L (2018) CSR-Markenführung im B-to-B-Umfeld – Modell und Fallbeispiele. In: Baumgarth C (Hrsg) B-to-B-Markenführung. Grundlagen – Konzepte – best practice. 2. Aufl. Wiesbaden: Springer Gabler. S 289–302

Capgemini (2025) New business models. https://www.capgemini.com/de-de/solutions/new-business-models/. Zugegriffen: 21. Nov 2025.

Kaplan RS, Norton DP (1997) Balanced scorecard, Strategien erfolgreich umsetzen. Schäffer-Poeschel, Stuttgart

Kesting T, Scherenberg V (2025) Nachhaltigkeitskommunikation in der Gesundheitswirtschaft. Wie Sie nachhaltig agieren und glaubwürdig kommunizieren. Springer Gabler, Wiesbaden

Kilian K, Kreutzer R (2022) Digitale Markenführung. Digital branding in Zeiten divergierender Märkte. Springer Gabler, Wiesbaden

Kreutzer R (2021) Toolbox für digital business. Leadership, Geschäftsmodelle, Technologien und change-management für das digitale Zeitalter. Springer Gabler, Wiesbaden

Kreutzer R (2023a) Der Weg zur nachhaltigen Unternehmensführung. Springer Gabler, Wiesbaden

Kreutzer R (2023b) Künstliche Intelligenz verstehen, 2. Aufl., Wiesbaden: Springer Gabler

Kreutzer R (2023c) Kreislaufwirtschaft. Wie Projektplanung und Umsetzung gelingen. Springer Gabler, Wiesbaden

Kreutzer R, Klose S (2025) Praxisorientiertes online-marketing. Konzepte – Instrumente – Checklisten. 5. Aufl. Wiesbaden: Springer Gabler

Planted.green (2025) Nachhaltigkeit als Wettbewerbsvorteil: Warum sich ESG auszahlt. https://planted.green/nachhaltigkeit-wissen/nachhaltigkeit-als-wettbewerbsvorteil-warum-sich-esg-auszahlt. Zugegriffen: 24. Nov 2025

Schlimok C, von LB (2024) Durch Markenführung und innovation zu mehr Nachhaltigkeit im Unternehmen. In: Wie Sie Nachhaltigkeit bei gleichzeitigem wirtschaftlichen Erfolg erreichen. Springer Gabler, Wiesbaden

Aktuelle Trends und Innovationsfelder im Green Branding

3

3.1 Purpose-getriebene Markenführung und ethische Positionierung

Eine **Purpose-getriebene Markenführung** bedeutet im Kontext von Green Branding, dass ökologische und soziale Ziele nicht als „Add-on", sondern als zentraler Daseinsgrund der Marke definiert werden. Ein glaubwürdiger Purpose beschreibt, welche konkreten Probleme bei Planet und People die Marke lösen will – etwa Schutz von Ökosystemen, faire Arbeitsbedingungen oder gesundes Leben – und wie dies mit einem tragfähigen Geschäftsmodell verknüpft ist.

Abb. 3.1 greift diesen Gedanken auf, indem sie Purpose, Vision und Mission klar voneinander trennt und hierarchisch anordnet (vgl. vertiefend Sinek 2011):

- Im innersten Kreis steht das „**Why?**" – der **Purpose** bzw. Sinn und Zweck des Unternehmens. Hier wird festgelegt, welches konkrete ökologische oder soziale Problem das Unternehmen lösen will und welchen Beitrag sie für Planet und People leisten möchte. Erst wenn dieses Why definiert ist, lassen sich glaubwürdige Green-Marketing-Entscheidungen treffen.
- Darauf aufbauend beschreibt der mittlere Kreis das „**How?**" – die **Vision** und die strategischen Wege, mit denen das Unternehmen seinen Purpose verwirklichen will. Hierzu gehören etwa die Ausrichtung der Wertschöpfungskette auf Kreislaufwirtschaft, faire Lieferketten oder regenerative Geschäftsmodelle.
- Im äußeren Kreis folgt schließlich das „**What?**" – die **Mission,** also die konkreten Produkte und Dienstleistungen, die angeboten werden.

© Der/die Autor(en), exklusiv lizenziert an Springer Fachmedien Wiesbaden GmbH, ein Teil von Springer Nature 2026
R. T. Kreutzer, *Green Marketing & Green Branding*, Edition Nachhaltig wirtschaften, https://doi.org/10.1007/978-3-658-50996-5_3

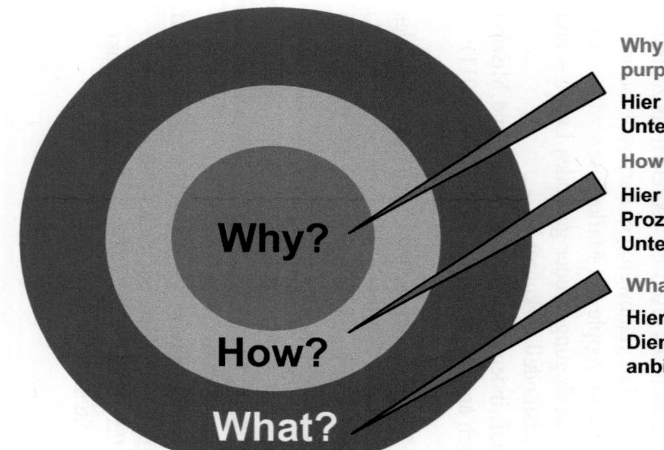

Abb. 3.1 Erarbeitung des unternehmerischen Purpose: Start with the why! (Eigene Abbildung)

Abb. 3.1 macht damit deutlich: Bei einem Purpose-getriebenen, nachhaltigen Marketing werden Angebote und Prozesse konsequent vom inneren Kern heraus gedacht. Das Sortiment, das Design und alle Kommunikationsmaßnahmen müssen mit dem Why kompatibel sein. Diese **interne Verankerung dieses Purpose** ist Voraussetzung, um Purpose- und Greenwashing zu vermeiden. Dazu gehören klare **ethische Leitlinien** und **Codes of Conduct** entlang der Wertschöpfungskette (z. B. zu Emissionszielen, Menschenrechten, Lieferkettenstandards), die in Zielsysteme, Vergütung, Beschaffung, Produktentwicklung und Markenarchitektur übersetzt werden. Führungskräfte fungieren als Vorbilder, Schulungen fördern ein gemeinsames Werteverständnis, und internes Reporting macht transparent, wie weit Purpose-Versprechen bereits eingelöst sind. Extern benötigt es eine konsistente, nachvollziehbare Kommunikation: statt vager Heilsversprechen stehen konkrete Ziele, Maßnahmen, Kennzahlen und unabhängige Prüfungen im Vordergrund.

Starke **Green Brands** zeigen, wie Purpose in Storytelling und Kampagnen übersetzt werden kann. **Patagonia** verbindet den Purpose „den Planeten retten" mit ökologisch optimierten Produkten, Reparatur-Services, Aktivismus-Plattformen und Kampagnen, die Konsum kritisch hinterfragen. **Unilever** verankert Nachhaltigkeit in Marken wie Dove, die Themen wie Körperbild und soziale Gerechtigkeit in Produktinnovation, Lieferketten und Kommunikation integrieren. Diese Marken nutzen Purpose auch im Employer Branding (z. B. durch Impact-Programme, Volunteering, klimafreundliche Benefits) und in Corporate-Citizenship-Aktivitäten, die messbare Wirkung erzeugen, statt nur symbolisch zu wirken.

Empirische Studien der letzten Jahre zeigen, dass **authentischer Purpose** Markenvertrauen, wahrgenommene Glaubwürdigkeit und Green Brand Equity deutlich stärkt, während „woke washing" und Purpose-Washing zu Skepsis, Ablehnung und negativer Mundpropaganda führen. Die Chancen einer Purpose-getriebener Markenführung liegen in klarer Differenzierung, höherer Loyalität, größerer Preisbereitschaft und besseren Beziehungen zu Investoren und Talenten. Dem gegenüber stehen Risiken wie Shitstorms bei Inkonsistenzen, regulatorische Risiken bei überzogenen Green Claims und die Gefahr, komplexe gesellschaftliche Probleme zu vereinfachen oder zu instrumentalisieren (vgl. Fürer 2024; Voit 2023, S. 188–193).

► **Nachhaltig merken** Die **Brand-Governance-Forschung** zeigt, dass konsistente Kommunikation, partizipative Markenführung mit Stakeholdern und harte Sanktionen bei Verstößen entscheidend sind, damit eine grüne Markenidentität von Vertriebspartnern, Agenturen und Mitarbeitern tatsächlich gelebt wird. Erst dann wird Purpose-getriebene Markenführung zu einem robusten Fundament für Green Branding – statt zu einer anfälligen Projektionsfläche für Green- oder Purpose-Washing.

3.2   Design und Markenkommunikation mit nachhaltigem Fokus

Design und Markenkommunikation mit nachhaltigem Fokus beginnen bei einer klar **definierten Markenidentität,** in der ökologische und soziale Prinzipien fest verankert sind. Diese Identität bildet den Rahmen für alle gestalterischen Entscheidungen – vom Logo über Farbwelt und Bildsprache bis hin zu Claims und Tonalität. „Grün" bedeutet dabei nicht zwangsläufig nur eine dominante Verwendung von Naturfarben, sondern vor allem die glaubwürdige Verbindung von Gestaltung und tatsächlichen Nachhaltigkeitsleistungen, etwa durch reduzierte Materialvielfalt, langlebige Produkte oder kreislauffähige Verpackungslösungen. Studien zeigen, dass nachhaltiges Produkt- und Verpackungsdesign, kombiniert mit ästhetisch ansprechender Gestaltung und klaren Informationen, Kaufbereitschaft und Markenvertrauen deutlich steigern kann (vgl. Ling und Halabi 2024).

Farbcodes, Bildwelten und Typografie prägen entscheidend, ob eine Marke als authentisch nachhaltig wahrgenommen wird oder nur als „grün angestrichen". Naturnahe Bildwelten, reduzierte, gut lesbare Typografie und eine ruhige, wertige Farbpalette unterstützen die Botschaft von Langlebigkeit, Verantwortung und Transparenz. Gleichzeitig warnt aktuelle Forschung davor, Naturmotive und Grüntöne rein dekorativ einzusetzen, ohne entsprechende Substanz. Ein solches Vorgehen sendet die typischen Greenwashing-Signale, wenn keine belastbaren Nachweise folgen. Die Tonalität sollte ehrlich, konkret und dialogorientiert sein, nicht missionarisch oder übertrieben heroisch. Sie erklärt Maßnahmen, benennt auch Grenzen und lädt Konsumenten zum Mitgestalten ein (vgl. Akepa 2025).

Zentrale Prinzipien einer nachhaltigen Markenkommunikation sind Klarheit, Transparenz und die Vermeidung irreführender Green Claims. Die diskutierte **EU-Greenwashing-Richtlinie** und ergänzende **Regelungen zur Nutzung von Nachhaltigkeitslabels** untersagen unter anderem unspezifische Aussagen („umweltfreundlich", „grün"), selbst erfundene Labels ohne Zertifizierungsbasis und unbelegte Zukunftsversprechen. Stattdessen gewinnen verständliche, überprüfbare Kennzeichnungen an Bedeutung: anerkannte Labels und Siegel, nachvollziehbare Impact-Informationen (z. B. CO_2-Einsparung, Anteil recycelter Materialien,

Reparierbarkeit) und QR-Codes, über die Kunden vertiefende Daten abrufen können. Gute Praxis ist, zentrale Kennzahlen direkt auf Produkt und Verpackung sichtbar zu machen und bei Bedarf über digitale Kanäle zu vertiefen (vgl. Umweltbundesamt 2024).

Aktuelle Beispiele zeigen, wie sich nachhaltiges Design und Kommunikation erfolgreich verbinden lassen: Marken setzen auf minimalistische, materialarme Verpackungen, die aus recycelten oder biologisch abbaubaren Materialien bestehen, und nutzen diese bewusst als zentrales Markenelement. Einige Unternehmen visualisieren ihre Umweltwirkungen über einfache, grafisch ansprechende Symbole und Skalen, die Kunden auch ohne Fachwissen verstehen, etwa zur CO_2-Kategorie, Wasserintensität oder Reparierbarkeit eines Produkts. Forschung zu Konsumentenwahrnehmung belegt, dass Verbraucher zunehmend in der Lage sind, Greenwashing zu erkennen, und Transparenz, Detaillierung und Drittzertifizierungen klar honorieren (vgl. Branca et al. 2024).

> **Nachhaltig merken** Abgrenzend zu typischen Greenwashing-Mustern – wie vage „Natur"-Claims, nicht erklärte Kompensationsprogramme, übertrieben idyllische Bildwelten oder eigenkreierte Pseudo-Siegel – zeichnet sich **nachhaltige Markenkommunikation** dadurch aus, dass sie Belege liefert, Unsicherheiten benennt und die eigene Lernkurve offenlegt. Dadurch entsteht ein glaubwürdiges Green Branding, das Gestaltung nicht als Tarnschicht, sondern als sichtbaren Ausdruck ehrlicher Nachhaltigkeitsleistungen nutzt – und so langfristig Vertrauen, Loyalität und Differenzierung im Markt aufbaut.

3.3   Integration von ESG-Kriterien in Markenstrategien

Die **Integration von ESG-Kriterien in Markenstrategien** beginnt damit, dass Umwelt-, Sozial- und Governance-Ziele aus der Unternehmens- und Nachhaltigkeitsstrategie konsequent auf Markenebene heruntergebrochen werden. Unternehmen definieren zunächst auf Basis von **Wesentlichkeitsanalysen** und **CSRD-konformen Doppelmaterialitäts-Bewertungen** jene Themen, die für Geschäft, Umwelt und Stakeholder besonders relevant sind – häufig Klima, Arbeitsbedingungen und Governance.

Abb. 3.2 macht das **CSRD-Prinzip der doppelten Wesentlichkeit** sichtbar: Sie zeigt, dass Unternehmen Nachhaltigkeitsthemen immer aus zwei Richtungen bewerten müssen. Hinsichtlich der **Impact Materiality** (Inside-out-Perspektive)

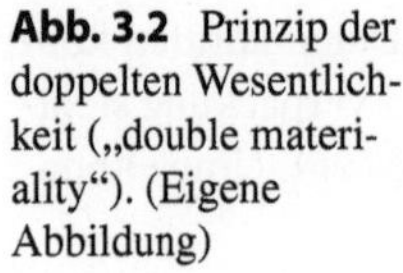

Abb. 3.2 Prinzip der doppelten Wesentlichkeit („double materiality"). (Eigene Abbildung)

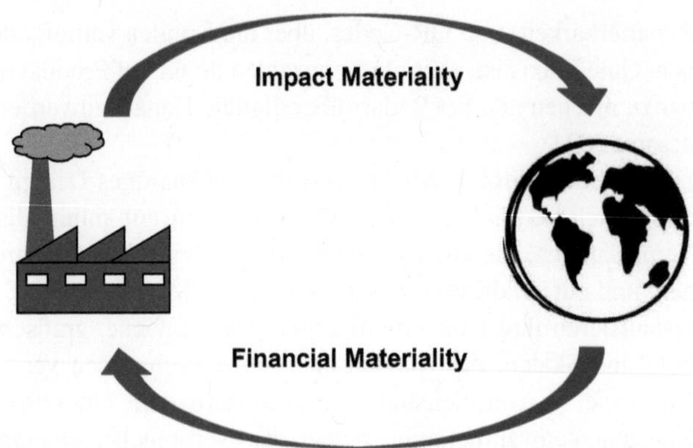

ist zu prüfen, welche positiven oder negativen Wirkungen die Aktivitäten des Unternehmens auf Umwelt und Gesellschaft haben – zum Beispiel Emissionen, Ressourcenverbrauch oder Arbeitsbedingungen. Die **Financial Materiality** (Outside-in-Perspektive) zielt darauf ab, zu erfassen, wie sich umgekehrt Klima-, Umwelt- oder Sozialveränderungen, Regulierung und Markttrends auf Ertrag, Kosten, Risiko und Finanzlage des Unternehmens auswirken. Eine CSRD-konforme Wesentlichkeitsanalyse verbindet beide Perspektiven und identifiziert jene Themen, die entweder wegen ihrer Umwelt-/Sozialwirkung oder wegen ihrer finanziellen Bedeutung – oder aus beiden Gründen – als wesentlich gelten und daher im Nachhaltigkeitsbericht detailliert offengelegt werden müssen. Deshalb auch der Begriff **Wesentlichkeitsanalyse.**

Aus den hier erarbeiteten Prioritäten werden für jede Marke Zielbilder, Leitplanken und KPIs abgeleitet, etwa Emissionsziele pro Produktkategorie, Mindeststandards für Lieferketten oder Diversitätsziele in der Zielgruppenansprache und im Markenauftritt. So entstehen **„ESG-Guardrails",** die Produktentwicklung, Preispositionierung, Kommunikationsstil und Partnerwahl leiten. Guardrails bedeutet ganz einfach Leitplanken.

Auf Portfolio-Ebene werden Marken zunehmend nach ESG-Gesichtspunkten bewertet und aktiv gesteuert. Unternehmen analysieren, welche Marken oder Kategorien strukturell nicht mit den eigenen ESG-Zielen vereinbar sind. Hierzu zählen bspw. klimaschädliche, gesundheitlich bedenkliche oder sozial problematische Angebote. Hier können **Ausstiegsszenarien** oder **Transition-Roadmaps** erarbeitet werden. Gleichzeitig werden besonders nachhaltige Marken gezielt gefördert – durch höhere Investitionsbudgets, Innovationsprogramme, bevorzugte Mediaunterstützung oder explizite „Hero Brand"-Rollen in der Nachhaltigkeitskommunikation. ESG-Kennzahlen wie Carbon Footprint pro Marke, Anteil

zertifizierter Rohstoffe, Sozialaudits in Lieferketten oder Governance-Scores fließen in regelmäßige **Portfolio-Reviews** ein und beeinflussen Entscheidungen zu
Launch, Relaunch, Delisting oder Repositionierung.

Regulatorische Entwicklungen wie CSRD, Green-Claims-Regeln und Liefer-
kettengesetze verstärken diesen Trend. Die CSRD zwingt seit 2024 viele Unternehmen dazu, detaillierte, prüfbare Informationen zu Umwelt-, Sozial- und Governance-
Leistungen offenzulegen. Erste Auswertungen zeigen, dass Nachhaltigkeit damit
stärker in Strategie, Steuerung und Kultur verankert wird. Markenführung kann diese
Pflichtberichte nutzen, indem sie zentrale Inhalte in markenspezifische Narrative und
digitale Formate übersetzt – etwa über Eco-Scores, digitale Produktpässe oder QR-
Codes, die ESG-Daten auf Produktebene zugänglich machen und als Differenzierungs-
merkmal dienen. Gleichzeitig erhöhen Investoren, Ratingagenturen und Kunden den
Druck: Unternehmen, die ESG-Risiken in ihren Markenportfolios ignorieren, müssen mit Reputationsschäden, Verlust von Marktanteilen und eingeschränktem Zu-
gang zu Kapital rechnen (vgl. European Commission 2025).

„**ESG-ready Brands**" weisen vor allem drei Merkmale auf:

- Erstens eine klare **Verknüpfung von ESG-Zielen mit Markenversprechen,
  Produkten und Dienstleistungen**, die sich in messbaren Verbesserungen
  (z. B. Emissionsreduktion, Kreislaufanteil, Sozialstandards) niederschlägt.
- Zweitens ein **professionelles Governance-Setup,** in dem Marketing, Nachhaltigkeit, Controlling und Compliance über definierte Prozesse und Verantwortlichkeiten zusammenarbeiten – etwa über Responsible-Marketing-Frameworks,
  in denen ESG-Kriterien explizit verankert sind.
- Und drittens ein **Reporting,** das nicht nur regulatorische Mindestanforderungen
  erfüllt, sondern ESG-Informationen verständlich, vergleichbar und kanalüber-
  greifend nutzt, um Vertrauen bei Kunden, Mitarbeitern, Investoren und der Öffentlichkeit aufzubauen.

So tragen **integrierte ESG-Markenstrategien** nachweislich dazu bei, Reputation und Unternehmenswert zu stärken, Resilienz gegenüber Krisen zu erhöhen
und Green Branding vom Nice-to-have zur strategischen Notwendigkeit zu machen.

3.4 Einsatz von Nudging in der Kommunikation

Wie in Abschn. 1.4 bereits beschrieben, sollen Nudges den Entscheidungsprozess
von Kunden beeinflussen, indem in die Rahmenbedingungen der Entscheidungsfindung eingegriffen wird. Hierzu können bestimmte Informationen bereitgestellt,

Warnhinweise angebracht oder soziale Normen betont werden. Folgende **Formen von Nudging** können unterschieden werden (vgl. Rometsch 2021; Kreutzer 2023; Rumler und Wagner 2025):[1]

Aufweis der Produktbestandteile

Um Kunden eine **informierte Entscheidung** zu ermöglichen, können auf den Produkten die jeweiligen Inhaltsstoffe ausgewiesen werden. Hierfür ist es allerdings erforderlich, dass die Inhaltsstoffe in verständlicher Sprache präsentiert werden. Dies ist häufig nicht der Fall. Auf Produkten oder Verpackungen werden regelmäßig lange Listen von Bestandteilen ausgewiesen, deren Bedeutung sich dem durchschnittlichen Kunden oft nicht erschließt. Vielfach erfolgt die Auflistung der Bestandteile auch in kleiner Schriftgröße und oft noch in Großbuchstaben, um das Lesen möglichst zu erschweren. Hier wird sichtbar, dass eine Verhaltenslenkung in Richtung gesünderer oder nachhaltiger Produkte von den Anbietern klassischer Angebote meist gar nicht gewünscht ist.

Ein Nudging wird dagegen sichtbar, wenn auf Kosmetikprodukten Hinweise wie „Ohne Zusatz von Alkohol, Zitronensäure und Parabenen", „Inhaltsstoffe 100 % natürlichen Ursprungs" oder „Frei von Aluminium" aufgedruckt werden. Nudges sind auch die verschiedenen Zertifikate, die nachhaltig gewonnene Rohstoffe oder eine nachhaltigere Produktion signalisieren. Hierbei sind auch die aktuelle diskutierten **EU-Green-Claims-Richtlinien** zu beachten, die strengere Transparenzpflichten für solche Angaben vorsehen, um Greenwashing zu verhindern und die Nudging-Wirkung zu stärken.

Ausweis einer Produktbewertung

Eine Vereinfachung gegenüber der Angabe einzelner Produktbestandteile liegt vor, wenn diese in eine **Gesamtbewertung des Produktes** einfließen. Hierzu hat sich inzwischen eine ganze Reihe von Labels und Siegeln etabliert, die ein Nudging fördern können bzw. könnten. Ein Beispiel hierfür ist die Ampelskala für die Energieeffizienzklassen von Elektrogeräten (vgl. Abb. 3.3). Diese Kennzeichnung ist meist groß auf der Vorderseite der Geräte angebracht und kann aufgrund ihrer Transparenz wichtige Denkanstöße im Kaufprozess vermitteln. Diese Skala hat die Wahrnehmung verbessert, wobei Kunden Produkte mit niedrigen Klassen (E–G) seltener kaufen, solange nicht deutlich niedrigere Preise die Entscheidung beeinflussen.

---

[1] Teile der nachfolgenden Ausführungen sind bereits in Kreutzer, *Der Weg zur nachhaltigen Unternehmensführung* (2023) erschienen.

Abb. 3.3 Skala für Energieeffizienzklassen. (Eigene Abbildung)

Abb. 3.4 Verschiedene Symbole zur Kennzeichnung von Angeboten. (Eigene Abbildung)

Einsatz von Symbolen

Der Einsatz von Symbolen kann es dem Nutzer erleichtern, auch komplexe Prozesse zu verstehen und die gewünschten Verhaltensweisen zu zeigen. Ob dies bei der Kennzeichnung von Produkten und Verpackungen schon gelingt, zeigt Abb. 3.4 Es ist nicht davon auszugehen, dass alle Kunden die genauen Inhalte dieser verschiedenen Symbole kennen.

Das 1. Symbol steht für Einweg. Es gehört der **Deutschen Pfandsystem GmbH** und zeichnet Dosen oder Flaschen als Einwegprodukt aus. Produkte mit diesem Zeichen können mit Pfand zurückgegeben werden. Eine Wiederverwendung findet allerdings nicht statt. Vermittelt das Symbol nicht eher die Idee eines Kreislaufs? Hier wird vielfach eine klarere Differenzierung zu Mehrweg-Systemen gefordert.

Das 2. Symbol in Abb. 3.4 steht für **Mehrweg.** Allerdings verfügen Mehrwegprodukte nicht über ein einheitliches Zeichen. Hier bleibt es außerdem jedem Nutzer überlassen, wie er mit einem solchen Produkt verfährt. Gewünscht und erwartet wird, dass so gekennzeichnete Mehrwegflaschen an die Händler zurückgehen, um dort gesammelt zu werden. Die Kunden bekommen dann ihr Pfand ausgezahlt. Flaschen, Gläser und Kästen werden meist über den Großhandel wieder den Herstellern zugeführt. Idealerweise startet der Nutzungskreislauf dann erneut.

Das 3. Symbol in Abb. 3.4 stammt vom Unternehmen **Petcycle.** Dieses verbindet ein Poolsystem mit einem Wertstoffkreislauf für PET-Getränkeflaschen. Hierfür werden Mehrwegkastenlösung mit allerdings nur einmal befüllbaren PET-Flaschen eingesetzt. Das gesammelte Leergut wird zu Rezyklat verarbeitet und zur Herstellung neuer PET-Flaschen eingesetzt. Neue Petcycle-Flaschen bestehen oft bis zu 90 % aus Recycling-Material.

Das 4. Symbol aus Abb. 3.4 ist sicher den meisten bekannt. Es handelt sich um den **Grünen Punkt.** Der Grüne Punkt auf einem Produkt oder einer Verpackung bedeutet, dass diese in der Gelben Tonne entsorgt werden können. Das Unternehmen **Der Grüne Punkt – Duales System Deutschland** soll dafür sorgen, dass die so gekennzeichneten Materialien ordnungsgemäß gesammelt, sortiert und verwertet werden. Auf Produkte mit dem Grünen Punkt gibt es kein Pfand. Was genau mit den Materialien erfolgt, bleibt dem Kunden allerdings auch hier meist unbekannt.

Das 5. Symbol aus Abb. 3.4 ist sicherlich auch vielen bekannt. Es handelt sich um das Symbol **Blauer Engel** mit dem Zusatz: „Gut für mich. Gut für die Umwelt." Hierbei handelt es sich um ein Umweltzeichen der Bundesregierung, das bereits seit über 40 Jahren eingesetzt wird. Der Blaue Engel stellt eine unparteiische und wirtschaftlich unabhängige, freiwillige Produktkennzeichnung dar. Hierbei ist das Bundesumweltministerium der Zeicheninhaber. Das Umweltbundesamt ist für die wissenschaftliche Erarbeitung der Vergabekriterien verantwortlich. Die Jury Umweltzeichen ist das relevante Entscheidungsgremium und die RAL gGmbH fungiert als unabhängige Zertifizierungsorganisation. Der Blaue Engel ist ein TYP I – Umweltzeichen. Dieses basiert auf der internationalen Norm DIN EN ISO 14024.

Durch den Blauen Engel werden umweltschonende Produkte im Non-Food-Sektor und Dienstleistungen ausgezeichnet. Inzwischen wurde der Blaue Engel schon mehr als 22.000 Produkte und Dienstleistungen von über 1600 Unternehmen verliehen. Produkte und Dienstleistungen aus den folgenden Kategorien können durch den Blauen Engel ausgezeichnet werden:

- Haushalt/Drogerie (wie Waschmittel, Toilettenpapier, Bekleidung)
- Einrichtung/Textilien (u. a. Bad-/Küchenmöbel)
- Green-IT/Elektrogeräte (so Aktenvernichter, Drucker, Telefone)

- Bauprodukte (bspw. Farben, Dämmstoffe, Bodenbeläge)
- Heizen/Energie (Dämmstoffe, Holzpellets, Kaminöfen, Raumklimageräte)
- Papier/Schreibwaren (wie Briefumschläge, Etiketten, Hefthüllen)
- Fahrzeuge/Mobilität (bspw. Kreuzfahrtschiffe, Car-Sharing)
- Gewerbe/Kommunen (u. a. Altglas-Container, Elektrobusse, Kehrfahrzeuge, Mülltonnen, Streumittel)

Der Blaue Engel soll Kunden eine verlässliche Orientierung beim umweltbewussten Einkauf geben. Hierdurch soll die Nachfrage nach umweltschonenden Produkten gesteigert und ökologische Produktinnovationen gefördert werden, um insgesamt die Umweltbelastungen zu reduzieren.

▶ **Nachhaltig merken** Beim Blauen Engel liegt die Betonung auf „umweltschonend" – nicht umweltfreundlich, nicht nachhaltig, nicht CO_2-frei oder ähnlichem. Wenn ein Produkt oder eine Dienstleistung weniger schädlich ist als andere, kann das schon zur Auszeichnung ausreichen. Dieser Punkt ist beim Blauen Engel besonders hervorzuheben: Durch den Blauen Engel werden – lediglich – die besseren Produkte oder Dienstleistungen einer Kategorie ausgezeichnet.

Das 6. Symbol in Abb. 3.4 ist das allgemeine Zeichen für **Recycling.** Es hat Ähnlichkeit mit dem Grünen Punkt, weist aber eine andere Bedeutung auf. Das Recycling-Zeichen besagt lediglich, dass das Produkt bzw. die Verpackung recycelt werden kann. Wenn nicht zusätzlich der Grüne Punkt aufgedruckt ist, gehören diese Materialien nicht in die Gelbe Tonne. Das Recycling-Zeichen wird in Verbindung mit einer Nummer oder einem Code abgedruckt, wie in Abb. 3.4 zu sehen. Dieser erklärt, um welche Art von Kunststoff es sich handelt. Wer weiß schon, was sich hinter den einzelnen Codes verbirgt? Dem Nutzer wird über die Codes allerdings nicht mitgeteilt, wie das so gekennzeichnete Material zu entsorgen ist. So wandert es entweder in die Restmüll-Tonne (Tendenz „Verbrennen"), in die Gelbe Tonne oder in der Umwelt.

Darüber hinaus können zur Kennzeichnung von ökologisch hergestellten Materialien und Produkten viele weitere Öko-Labels und Öko-Siegel eingesetzt werden. Auch diese können – so sie vom Kunden wahrgenommen werden – als Nudges wirken.

▶ **Nachhaltig merken** Dieses Wirrwarr an Kennzeichnungen führt dazu, dass ein Nudging in Richtung Nachhaltigkeit beim Recycling momentan nur eingeschränkt wirken kann.

Einsatz von Warnhinweisen

Warnhinweise sind eine klassische Form des Nudging: Auch sie greifen nicht direkt in die Entscheidungsfreiheit ein, sondern verändern die Wahrnehmung von Risiken im Moment der Entscheidung. Auf Zigarettenpackungen sind in der EU weiterhin große kombinierte Bild-Text-Warnhinweise verpflichtend, die einen Großteil der Vorder- und Rückseite einnehmen und auf drastische Gesundheitsfolgen hinweisen. Diese Warnungen zielen auf eine dauerhafte Irritation und kognitive Dissonanz beim Konsum ab, was aber vielfach nicht erreicht wurde.

Eine **kognitive Dissonanz** bezeichnet das unangenehme Spannungsgefühl, das entsteht, wenn jemand gleichzeitig raucht und genau weiß, wie schädlich Rauchen für die eigene Gesundheit ist. In diesem inneren Konflikt passen Verhalten (Kognition 1: „Ich rauche") und Wissen bzw. Werte (Kognition 2: „Gesundheit ist mir wichtig, Rauchen macht krank") nicht zusammen. Um diese Dissonanz zu reduzieren, neigen viele Raucher dazu, die Gefahr herunterzuspielen („So schlimm ist es nicht", „Andere Raucher sind auch alt geworden") oder Ausreden zu finden, statt ihr Verhalten zu ändern.

Auch Warnhinweise auf Wein- und Spirituosenflaschen, die insb. vor Alkoholkonsum in der Schwangerschaft warnen, sind Nudges. Die Produkte bleiben legal erhältlich, doch die Konfrontation mit Risiken soll sich das Verhalten langfristig verändern.

Zurzeit wird darüber diskutiert, Warnhinweise mit weiteren verhaltensökonomischen Elementen zu kombinieren. Dazu zählen neutrale Produktverpackungen oder Verpackungen mit QR-Codes, die auf Hilfsangebote, Entzugsprogramme oder Informationsportale verweisen. So bliebe die Entscheidung zum Konsum weiterhin formal frei, wird aber durch eine bewusst „entzauberte" Produktinszenierung und ständig präsente Gesundheitsinformationen psychologisch in Frage gestellt.

Hinweis auf soziale Normen

Eine besonders wirksame Form des Nudging besteht darin, auf **soziale Normen** und **Mehrheitsverhalten** hinzuweisen. Statt abstrakter Appelle an „die Umwelt" wird konkret kommuniziert, dass viele andere Menschen bereits das gewünschte Verhalten zeigen. In Hotels finden sich deshalb häufig Hinweise wie: „Ein Großteil unserer Gäste verwendet sein Handtuch mehrfach" oder sinngemäß formulierte Botschaften, die den Wasser- und Waschmittelverbrauch thematisieren. Solche Botschaften zielen auf das menschliche Bedürfnis, sich konform zur Gruppe zu verhalten. Hierdurch erhöht sich die Wahrscheinlichkeit, dass Gäste Handtücher tatsächlich mehrfach verwenden.

Dieses Prinzip lässt sich auch auf Ernährung und Konsum übertragen: Statt einen verpflichtenden „Veggie Day" in Kantinen einzuführen, können Hinweise die Vorteile fleischärmerer Ernährung betonen und einen Vergleich der Ressourcenbelastung von Fleisch- versus Gemüsegerichten anregen. Formulierungen, die zu einem gedanklichen Perspektivwechsel einladen („Stell dir vor, welche Ressourcen nötig sind, um 500 g Fleisch im Vergleich zu 500 g Gemüse zu erzeugen"), kombinieren dabei Wissensvermittlung mit einem sanften Appell an das eigene Verantwortungsgefühl, ohne zu moralisieren.

Voreinstellungen

Voreinstellungen – sogenannte **Defaults** – gehören zu den wirkungsvollsten Nudges, weil sie direkt an der Entscheidungsarchitektur ansetzen. Was bereits vorausgewählt ist, wird überproportional häufig beibehalten, da viele Menschen Aufwand vermeiden und implizit davon ausgehen, dass die Voreinstellung „empfohlen" ist. In Spendenformularen kann etwa ein etwas höherer, aber realistischer Default-Betrag eingetragen sein. Wer spenden möchte, übernimmt meist diese Voreinstellung, anstatt aktiv nach unten zu korrigieren.

Im Nachhaltigkeitskontext werden **Default-Nudges** zunehmend eingesetzt. Bei der Online-Buchung eines Fluges ist die CO_2-Kompensation häufig standardmäßig aktiviert und muss deshalb aktiv abgewählt werden. Vergleichbare Mechanismen finden sich bei der Auswahl von Ökostromtarifen oder beim digitalen Bezug von Rechnungen („Papierlos" als Voreinstellung). Die Entscheidung bleibt freiwillig, aber die Kombination aus Bequemlichkeit, impliziter Empfehlung und gelegentlich moralischem Framing erhöht die Chance, dass nachhaltigere Optionen beibehalten werden.

Moralisches Framing bedeutet im Green Marketing, nachhaltige Kommunikation so zu gestalten, dass moralische Werte wie Verantwortung für Umwelt und Gesellschaft betont werden. Der Begriff „Frame" beschreibt einen interpretativen Rahmen, der bestimmt, wie Konsumenten Informationen wahrnehmen und bewerten. Durch diesen Rahmen werden nachhaltige Handlungen als moralisch erstrebenswert präsentiert und die Entscheidungsfindung emotional und normativ beeinflusst.

Platzierung der Angebote

Die **Platzierung von Optionen** – physisch wie digital – ist ein weiterer Hebel für wirksames Nudging. Im stationären Handel können nachhaltigere Produkte bewusst auf Augenhöhe, an Gangkreuzungen oder in Kassennähe positioniert werden, während weniger nachhaltige Alternativen eher in den „Randzonen" des Regals landen. Dadurch werden „grünere" Optionen sowohl stärker wahrgenommen als auch mit weniger Suchaufwand verbunden.

Im E-Commerce lässt sich dieses Prinzip in Trefferlisten, Kategorie-Seiten und Empfehlungsmodulen anwenden. Nachhaltige Produkte können dazu ganz oben angezeigt werden, erhalten hervorgehobene Badges oder werden als „Standardempfehlung" präsentiert. So „stolpern" auch solche Kunden über nachhaltige Angebote, die eigentlich nicht aktiv danach gesucht haben.

In Besprechungsräumen oder Kantinen kann das gleiche Prinzip genutzt werden, indem frisches Obst prominent und leicht greifbar platziert wird, während Kekse oder weniger gesunde Snacks etwas versteckter präsentiert werden. Das Motto lautet: Sichtbarkeit und Zugänglichkeit schaffen (nachhaltige) Nachfrage.

Unmittelbares Feedback

Nudges können auch in Form von **sofortigem Feedback** wirken, das Verhalten in Echtzeit bewertet. Verkehrsdisplays mit lachenden oder traurigen Smileys, die anzeigen, ob die erlaubte Geschwindigkeit eingehalten wird, sind ein klassisches Beispiel. Hierbei handelt es sich nicht um eine Strafe, sondern um eine unmittelbare Rückmeldung, die auch hier das eigene Verhalten emotional rahmt.

Apps und Smart-Meter-Displays dienen als Feedback-Nudges, indem sie den aktuellen Energie- oder Wasserverbrauch anzeigen, ihn mit Durchschnittswerten oder vergangenem Verhalten vergleichen und Einsparungen positiv hervorheben. Auch CO_2-Tracker, die den Fußabdruck einer Reise, eines Einkaufs oder einer Mahlzeit in Echtzeit visualisieren, nutzen diesen Mechanismus. Die Idee: Sichtbare Konsequenzen und kleine Erfolge schaffen Motivation, ohne zu sanktionieren.

Appell an eigene Möglichkeiten und Fähigkeiten

Ein weiterer Typ von Nudge richtet den Fokus auf die **Selbstwirksamkeit:** Menschen werden daran erinnert, dass ihr Verhalten einen relevanten Beitrag leisten kann. Solche Botschaften knüpfen an bekannte Zitate oder Narrative an, die dazu einladen, sich nicht als „Zuschauer", sondern als Handelnde zu verstehen. In einer nachhaltigen Kommunikation kann das bedeuten, konkrete, gut erreichbare Schritte hervorzuheben („Mit drei vegetarischen Mahlzeiten pro Woche sparen Sie…" oder „Schon mit diesem Tarif decken Sie X % Ihres Stromverbrauchs aus erneuerbaren Quellen"). Entscheidend ist, dass der Ton ermutigend bleibt und nicht suggeriert, Einzelne müssten allein „die Welt retten". So wird das Gefühl „Ich kann ja doch nichts ausrichten" durch konkrete, machbare Handlungsoptionen ersetzt.

Sinn stiften

Die anspruchsvollste Form des Nudging verbindet **Verhaltensimpulse mit Sinnstiftung.** Hier steht nicht mehr nur die einzelne Handlung im Vordergrund, sondern ein größerer Zweck – etwa Armut zu lindern, Ökosysteme zu schützen oder einen Beitrag zur Dekarbonisierung zu leisten. Spendenaufrufe, bei denen ein klar umrissenes Projekt sichtbar gemacht wird („Mit diesem Betrag finanzieren Sie…"), gehören ebenso dazu wie Kaufentscheidungen, die direkt mit einer sozialen oder ökologischen Wirkung verknüpft werden.

Visionsstarke Marken nutzen diese Form des Nudging, indem sie Kunden zeigen, wie deren Kauf in eine größere Transformationsgeschichte eingebettet ist. Wichtig ist ein transparentes Rückmeldesystem: Wer sich engagiert, sollte nachvollziehen können, was mit seinem Beitrag passiert ist – etwa durch Impact-Berichte, Projekt-Updates oder personalisierte Rückmeldungen. So entsteht ein Gefühl von Selbstwirksamkeit und „Impact Ownership", das nachhaltiges Verhalten emotional belohnt und stabilisiert.

▶ **Nachhaltig handeln** Jedes Unternehmen ist gefordert, systematisch zu testen, welche Formen des Nudging in seinem spezifischen Kontext am wirksamsten sind, um nachhaltiges Verhalten zu fördern. **Grüne Markenführung** muss den Dreiklang aus planetaren Grenzen („Planet"), gesellschaftlichen Erwartungen und Kundenbedürfnissen („People") sowie wirtschaftlicher Tragfähigkeit („Profit") ausbalancieren. Nachhaltige Angebote können nur erfolgreich sein, wenn sie sowohl ökologisch sinnvoll als auch für Kunden attraktiv und für Unternehmen wirtschaftlich tragfähig sind.

▶ **Nachhaltig merken** Eine **umerziehende, moralisierende Tonlage in der werblichen Kommunikation** ist kontraproduktiv. Ziel sollte sein, Nachhaltigkeit mit Lebensfreude, Komfort und Zukunftsfähigkeit zu verbinden, statt mit Verzicht und Schuldgefühlen. Idealerweise lassen sich grüne Konsumentscheidungen mit geringen mentalen und finanziellen Zusatzkosten in den Alltag integrieren – unterstützt durch klare Hinweise darauf, welche Nachhaltigkeitskriterien bei Entwicklung und Vermarktung tatsächlich berücksichtigt wurden.

Wenn es gelingt, einen **nachhaltigen „Feel-Good-Faktor"** zu erzeugen – attraktive Produkte, die Umweltbelastungen reduzieren und sozial akzeptiert sind, wird Nachhaltigkeit zur naheliegenden, nicht zur heroischen Option. Nudging kann hier einen zentralen Beitrag leisten, indem es Wahlmöglichkeiten, Kommunikation und Feedback so gestaltet, dass der nachhaltige Weg nicht nur moralisch, sondern auch psychologisch und praktisch der einfachere ist.

Grüne Kommunikation sollte möglichst ohne erhobenen Zeigefinger auskommen. Moralische Ermahnungen sind in der Erziehung oft ebenso wenig nachhaltig wirksam wie im Konsumverhalten – insb. dann, wenn vom Publikum mehr verlangt wird, als das Unternehmen selbst glaubwürdig vorlebt. Deshalb kommt Nudging im Rahmen der grünen Markenführung eine Schlüsselrolle zu. Es erleichtert nachhaltige Entscheidungen, ohne zu bevormunden, und macht im besten Fall Lust auf Nachhaltigkeit.

3.5   Relevanz des Signaling in der Nachhaltigkeitskommunikation

Für Anbieter grüner bzw. nachhaltiger Produkte ist es strategisch entscheidend, ein Phänomen zu vermeiden, das in der Ökonomie als **adverse Selektion** bezeichnet wird. Dieser Begriff steht für eine „negativ verlaufende Auswahl". Bei dieser setzt sich beim Kauf gerade nicht die besseren, sondern die schlechteren Angebote durch. Das führt dazu, dass aus übergeordneter Sicht unerwünschte Marktresultate entstehen.

Ursache der adverse Selektion ist eine **Informationsasymmetrie** zwischen den Marktparteien. Eine Seite weiß mehr über die wahren Eigenschaften eines Angebots als die andere, insb. über versteckte Qualitätsmerkmale, die Kunden vor dem Kauf nicht oder nur schwer erkennen können. In der Folge können bspw. Anbieter hochwertiger, nachhaltiger Produkte aus dem Markt gedrängt werden, weil die Qualität ihrer Angebote nicht sichtbar wird, während sich vor allem Anbieter durchsetzen, deren Angebote weniger nachhaltig oder qualitativ schwächer sind. Da damit „gute" Qualität vom Markt verdrängt wird und der Marktmechanismus nicht mehr zu wohlfahrtssteigernden Ergebnissen führt, spricht man von **Marktversagen** (vgl. grundlegend Akerlof 1970).

Bei nachhaltigen Produkten ist diese Dynamik besonders kritisch: Oft können Käufer die tatsächliche **Umwelt- oder Sozialqualität eines Produkts** nicht zuverlässig von konventionellen Alternativen unterscheiden. Hersteller und Handel kennen ihre Produkte zwar genau, doch diese Wissensvorteile werden nicht immer transparent kommuniziert. Hierdurch entsteht eine Informationsasymmetrie zulasten der Kunden. Unter solchen Bedingungen erwartet ein durchschnittlich informierter Kunde zunächst nur eine „Mittelklasse-Qualität" und ist kaum bereit, eine

Preisprämie für Nachhaltigkeit zu bezahlen. Gleichzeitig benötigen Anbieter nachhaltiger Produkte in der Regel höhere Preise, um zusätzliche Kosten für umweltfreundliche Materialien, faire Löhne oder Zertifizierungen zu decken. Wenn Kunden die tatsächlichen Nachhaltigkeitsvorteile nicht erkennen, lehnen sie diese höheren Preise ab. Dann bleibt ihre Zahlungsbereitschaft niedrig und nachhaltige Angebote werden aus dem Regal verdrängt, obwohl es eigentlich genügend potenzielle Interessenten gäbe. Im Extremfall verschwinden diese Produkte nahezu vollständig vom Markt – ein klassisches Beispiel für **Marktversagen durch adverse Selektion** (vgl. etwa Erlei und Szczutkowski 2025).

Um dieses Informationsproblem zu lösen, müssen Unternehmen die bestehende Asymmetrie aktiv abbauen. Ein zentrales Instrument ist das sogenannte **Signaling:** Die besser informierte Marktseite – zumeist die Anbieter – sendet gezielt glaubwürdige Signale aus, um die verborgene Qualität ihrer Angebote sichtbar zu machen. Ziel ist es, die **wahrgenommene Wertigkeit nachhaltiger Produkte** durch zusätzlich bereitgestellte Informationen zu erhöhen und die höhere Zahlungsbereitschaft der Kunden zu aktivieren. Entscheidend ist die Belegbarkeit dieser Signale: Reine Werbeversprechen ohne Nachweise laufen Gefahr, als Greenwashing wahrgenommen zu werden.

Im Nachhaltigkeitskontext bieten sich für ein **wirkungsvolles Signaling** belastbare Zertifikate, geprüfte Umweltzeichen, Transparenzberichte, Lebenszyklusinformationen oder klar nachvollziehbare Kennzahlen an, die für Kunden relevante Produktmerkmale sichtbar machen (z. B. CO_2-Fußabdruck, Recyclinganteile, Sozialstandards). Die in Abschn. 3.4 diskutierten Labels und Siegel können hier einen wichtigen Beitrag leisten – vorausgesetzt, sie sind bekannt, verständlich und werden als unabhängig und vertrauenswürdig erlebt. Parallel gewinnt die Frage an Gewicht, wie stark das Vertrauen in Marken und Gütesiegel heute tatsächlich ausgeprägt ist.

▶ **Nachhaltig merken** **Signaling** lässt sich als **informatorische Bringschuld der Anbieter** verstehen: Die Anbieter müssen aktiv dafür sorgen, dass Kunden die „guten" Angebote erkennen und fundierte Entscheidungen treffen können. Indem der konkrete Nutzen nachhaltiger Produkte – etwa geringere Umweltbelastung, bessere Haltbarkeit, faire Arbeitsbedingungen oder niedrigere Betriebskosten – klar herausgestellt wird, verschiebt sich der Fokus vom reinen Preis auf den Gesamtwert und erhöht so die Bereitschaft, in nachhaltige Alternativen zu investieren.

Zusätzlich kann **Social Proof** als Signaling-Instrument wirken. Mit Social Proof sind Kundenbewertungen, Empfehlungen, Testimonials oder Nutzungszahlen gemeint wie „Bereits 10.000 Kunden haben sich für diese nachhaltige Variante entschieden". Solche Aussagen signalisieren, dass andere die höhere Qualität und Glaubwürdigkeit bereits erkannt und honoriert haben.

▶   **Nachhaltig merken**   Je **sichtbarer, greifbarer und glaubwürdiger nachhaltige Angebote** präsentiert werden – sei es am Regal, in digitalen Shops, in der Werbung oder über Zertifikate, desto eher entdecken Kunden diese Produkte, trauen ihnen, akzeptieren Preisaufschläge und tragen so dazu bei, dass hochwertige grüne Angebote im Markt bestehen bleiben, statt einer adversen Selektion zum Opfer zu fallen.

3.6   Wie Greenwashing vermieden werden kann

Greenwashing stellt eine der größten Herausforderungen im Bereich Green Marketing und Green Branding dar. Greenwashing bezeichnet die Praxis, Nachhaltigkeitsversprechen unzureichend, irreführend oder gar falsch zu kommunizieren. Diese Form der Täuschung kann kurzfristig Vorteile bringen, führt jedoch langfristig zu erheblichen Vertrauensverlusten bei Kunden und anderen Stakeholdern. Insb. in einer Ära wachsender Transparenz und Informationszugänglichkeit sind Verbraucher zunehmend skeptisch und erkennen Greenwashing schneller, was negative Auswirkungen auf das Markenimage und die Kundenbindung haben kann (vgl. auch Griese und Baum 2023).

Folgende **Ausprägungen des Greenwashing** sind zu unterscheiden:

- **Grüne Teilleistungen**
  Ein Unternehmen hebt einzelne umweltfreundliche Eigenschaften hervor, um das gesamte Produkt oder Unternehmen als nachhaltig erscheinen zu lassen, obwohl der Großteil umweltschädlich bleibt. Wenn ein Ölkonzern primär Investitionen in erneuerbare Energien bewirbt, während der überwiegende Teil des Geschäfts weiterhin fossile Brennstoffe umfasst, kann dies als Greenwashing bezeichnet werden.
- **Nicht belegte Nachhaltigkeitsaussagen**
  Aussagen zu Nachhaltigkeit werden kommuniziert, ohne durch Daten, Zertifikate oder unabhängige Prüfungen belegt zu sein. Dann werden bspw. Produkte als „klimaneutral" bezeichnet, ohne dass nachvollziehbare CO_2-Bilanzen oder Verifizierungen vorliegen.

- **Schwammige oder mehrdeutige Begriffe**
  Unternehmen setzen vage Begriffe wie „fair", „regional", „natürlich" oder „umweltfreundlich" ein, die nicht rechtlich geschützt sind und häufig unklar bleiben. So tragen Verpackungen Begriffe wie „umweltfreundlich" ohne genaue Erklärung, was das konkret bedeutet.

- **Inhaltsleere oder selbst gestaltete Labels**
  Werden eigene oder nicht zertifizierte Siegel eingesetzt, die Nachhaltigkeit suggerieren, aber keine Prüfung durch Dritte durchlaufen, ist auch dies ein Fall von Greenwashing. Dann kreieren Unternehmen eigene „grüne" Label, die nur der Täuschung von Kunden dienen.

- **Irrelevante Aussagen**
  Irreführend sind auch verkehrte oder bedeutungslose Umweltbehauptungen, die Maßnahmen kommunizieren, die bereits gesetzlich vorgeschrieben sind oder keine echte Zusatzleistung darstellen. Dann wird mit „FCKW-frei" bei Kosmetikprodukten geworben, obwohl FCKW seit Jahrzehnten verboten sind.

- **Darstellung als kleineres Übel**
  Hier wird das eigene Produkt mit deutlich weniger nachhaltigen Alternativen verglichen, um das eigene Angebot vorteilhafter darzustellen. Beispiele sind „Bio-Zigaretten" oder „umweltfreundliche Einweg-Plastikflaschen", obwohl diese grundsätzlich problematisch sind.

- **Direkte Unwahrheiten und Lügen**
  Besonders krasse Ausprägungen des Greenwashing sind bewusst falsche Umweltversprechen, die nachweislich nicht stimmen. Dann erklären Unternehmen Produkte für „klimaneutral", obwohl keine Kompensation oder CO_2-Reduktion erfolgt.

Durch Social Media, engagierte Verbraucher, einschlägige Initiativen und strengere Regulierungen wird Greenwashing heute schneller erkannt und sanktioniert. Transparenz, belegbare Maßnahmen und ehrliche Kommunikation sind deshalb essenziell, um langfristig als nachhaltige Marke zu bestehen. Trotzdem werden immer wieder Beispiele gefunden, in denen Unternehmen massives Greenwashing betreiben. Solche Praktiken führen zu breiter Kritik und Auszeichnungen wie dem „Goldenen Geier" für besonders dreiste Greenwashing-Fälle.

Der „**Goldene Geier**" ist ein jährlich von der **Deutschen Umwelthilfe** (2025) verliehener **Schmähpreis,** der die dreisteste Umweltlüge eines Unternehmens oder einer Marke auszeichnet. Ziel des Preises ist es, Greenwashing und irreführende Umweltversprechen öffentlich anzuprangern und Unternehmen zu ehrlichem, nachhaltigem Handeln zu motivieren. Der Preis soll die Aufmerksamkeit auf Fälle lenken, in denen Unternehmen versuchen, durch falsche oder übertriebene Nachhaltigkeitsversprechen das Vertrauen von Verbrauchern und Investoren zu gewinnen, ohne tatsächlich ökologische oder soziale Verbesserungen umzusetzen. Der Goldene Geier wird seit 2019 vergeben und hatte als „Preisträger" u. a. Nestlé (für umweltschädliche Einwegverpackungen), McDonald's (für Greenwashing-Kampagnen), Shell (für „klimaneutrales" Tanken), RWE (für Image-Greenwashing) und Vonovia SE (für die Bewerbung eines Erdgastarifs als „100 % erneuerbare Energie").

▶ **Nachhaltig handeln** Unternehmen sollten Greenwashing strikt vermeiden, indem sie nur nachhaltige Leistungen kommunizieren, die durch belegbare Maßnahmen unterstützt werden. Green Marketing und Green Branding müssen auf Authentizität und Transparenz beruhen, um Vertrauen zu gewinnen und langfristige Wertschöpfung zu sichern. Aussagen ohne Substanz oder irreführende Versprechen schaden der Marke und sollten konsequent unterlassen werden.

Unternehmen sollten bei der **Kommunikation ihrer Nachhaltigkeitsleistungen** unbedingt folgende **Prinzipien der glaubwürdigen und transparenten Kommunikation** beachten (vgl. Grimm und Malschinger 2021, S. 195f.), um Green Marketing und Green Branding effektiv und vertrauenswürdig zu gestalten:

- **Wesentlichkeit**
  Die Kommunikation muss sich auf die wirklich relevanten Themen konzentrieren, die für die Transparenz der Nachhaltigkeitsleistung entscheidend sind. Unwichtige oder marginale Aspekte sollten nicht aufgebauscht werden, um eine realistische und klare Darstellung der Fortschritte zu gewährleisten.
- **Vollständigkeit**
  Alle wesentlichen Nachhaltigkeitsaspekte müssen offen und umfassend erläutert werden. Es ist wichtig, auch Zwischenschritte und den aktuellen Entwicklungsstand mitzuteilen, zum Beispiel dass ein Unternehmen auf dem Weg zur Klimaneutralität ist, diese aber noch nicht vollständig erreicht hat.
- **Ausgewogenheit**
  Eine ehrliche Nachhaltigkeitskommunikation umfasst nicht nur Erfolge, sondern auch Herausforderungen und Probleme. Unternehmen sollten offenlegen, welche Schwierigkeiten es gibt und wie diese angegangen werden – dies erhöht die Glaubwürdigkeit und schafft Vertrauen bei den Stakeholdern.

- **Vergleichbarkeit**
Die bereitgestellten Informationen sollten verständlich, nachvollziehbar und vergleichbar dargestellt werden, sodass Stakeholder die Nachhaltigkeitsleistung im Zeitverlauf oder im Branchenvergleich bewerten können.
- **Genauigkeit und Klarheit**
Nachhaltigkeitsaussagen müssen auf verifizierbaren Fakten basieren und präzise formuliert sein, um Missverständnisse und Interpretationsspielräume zu vermeiden.
- **Aktualität**
Die kommunizierten Daten und Informationen müssen stets aktuell sein, sodass Stakeholder eine realistische Einschätzung des Ist-Zustands und der Fortschritte erhalten.
- **Zuverlässigkeit**
Aussagen sollten durch externe Prüfungen, Zertifikate oder andere unabhängige Nachweise belegt werden, idealerweise bereits bei der Kommunikation. So wird die Vertrauenswürdigkeit der Botschaften gestärkt.

▶ **Nachhaltig handeln** Vor jeder **nachhaltigkeitsbezogenen Kommunikation** sollten Unternehmen eine kritische Bestandsaufnahme ihrer grünen Markenführung vornehmen: Welche Erfolge sind bereits erzielt, wo stehen noch Lücken? Transparente Berichterstattung, interne und externe Kommunikation der erzielten Fortschritte sowie die kontinuierliche Überprüfung der Zielerreichung sind unerlässlich.

Darüber hinaus trägt die **Verankerung von Nachhaltigkeitszielen im Leistungssystem** der Unternehmen zur Glaubwürdigkeit bei: Wenn Führungskräfte und idealerweise alle Mitarbeiter an der Erreichung von Nachhaltigkeitskennzahlen gemessen und entsprechend incentiviert werden, werden Worte zu Taten und das grüne Markenbild gewinnt an Substanz.

▶ **Nachhaltig merken** **Regulierungen,** wie die EU-weite **Corporate Sustainability Reporting Directive** (CSRD) und die **European Sustainability Reporting Standards** (ESRS), verschärfen die **Transparenzanforderungen** und fordern von Unternehmen eine standardisierte, klare und überprüfbare Berichterstattung über ihre Umwelt-, Sozial- und Governance-Leistungen. Unternehmen, die sich frühzeitig und konsequent an diese Regeln halten, verbessern nicht nur ihre Compliance, sondern auch ihre langfristige Marktposition und Markenreputation.

Aktuelle Studien und Berichte zeigen, dass rund 40 % der Verbraucher in Deutschland und Europa erwarten, dass Unternehmen ihre Nachhaltigkeitsaussagen genauer unter Beweis stellen müssen (vgl. SAIM 2025). Rechtliche Auseinandersetzungen und Abmahnungen aufgrund irreführender Umweltversprechen nehmen zu. Das zwingt Unternehmen zusätzlich zu vorsichtigem und transparentem Agieren (vgl. Unternehmensstrafrecht 2025).

3.7 Zukunftsorientierte Innovationen: Regenerative Ansätze und Kreislaufkonzepte

Green Branding entwickelt sich zunehmend von „weniger schädlich" hin zu Marken, die aktiv ökologische und soziale Systeme regenerieren. **Klassische Nachhaltigkeit** zielt im Wesentlichen auf Schadensbegrenzung („do less harm"), etwa durch Effizienzsteigerungen oder Emissionsreduktion. **Circular-Economy-Konzepte** gehen einen Schritt weiter, indem sie Materialien und Produkte möglichst lange im Kreislauf halten – durch Reuse, Repair, Refurbish, Remanufacturing und Recycling – und so Ressourcenverbrauch und Abfall drastisch reduzieren (vgl. Abschn. 2.3). **Regenerative Ansätze** setzen noch höher an: Sie wollen natürliche Systeme verbessern, nicht nur weniger belasten, etwa durch Wiederherstellung von Ökosystemen, Aufbau von Humus und Biodiversität oder positive Klimawirkungen („net positive impact"). Marken, die sich hier positionieren, versprechen nicht nur „klimaneutral" zu sein, sondern einen messbaren Beitrag zur Regeneration von Böden, Wäldern, Meeren oder Städten zu leisten (vgl. StartUs-insights 2025).

Produkt-Service-Systeme und **Kreislaufmodelle** bilden das operative Rückgrat solcher Positionierungen. Leasing, Sharing oder Abo-Modelle ermöglichen es, Produkte als Services zu verkaufen, sodass Eigentum beim Unternehmen verbleibt, Rücknahme, Wartung, Reparatur und Wiederaufbereitung zum Geschäftsmodell gehören und Materialien im technischen Kreislauf bleiben. Repair- und Rücknahmeservices, Refurbishing-Programme und Take-Back-Initiativen – etwa im Fashion- oder Elektronikbereich – verlängern Lebenszyklen, reduzieren Neuanschaffungen und bieten Stoff für glaubwürdiges Storytelling rund um Langlebigkeit und Ressourcenschutz. **Cradle-to-Cradle-Design** geht noch weiter, indem Produkte so konzipiert werden, dass alle Bestandteile entweder in biologische Kreisläufe (kompostierbar) zurückkehren oder dauerhaft im technischen Kreislauf zirkulieren. Entsprechende Zertifizierungen gewinnen inzwischen deutlich an Bedeutung und werden aktiv im Green Branding eingesetzt (vgl. Abschn. 2.2).

Regenerative Marken verankern zusätzlich Projekte wie Aufforstung, Mooroder Mangrovenrenaturierung, regenerative Landwirtschaft (Soil Health) oder

Urban-Farming-Konzepte in ihrem Leistungsversprechen. Große Lebensmittel- und Getränkeunternehmen investieren inzwischen massiv in regenerative Landwirtschaft in ihren Lieferketten und kommunizieren konkrete Flächenziele, CO_2-Bindung und Biodiversitäts-Kennzahlen als Teil ihres Marken-Storytellings. Start-ups positionieren sich mit Geschäftsmodellen, die textile Abfälle in neue Rohstoffe verwandeln, Meeresplastik in hochwertige Materialien überführen oder Produkte auf Basis von Algen und anderen regenerativen Rohstoffen entwickeln – häufig unterstützt durch Cradle-to-Cradle-Zertifizierungen und transparente Impact-Berichte. Entscheidend ist, dass solche Projekte nicht als reine Kompensation losgelöst vom Kerngeschäft fungieren, sondern eng mit Produktportfolio, Lieferketten und Markenidentität verwoben sind (vgl. Circulaze 2024).

Die **Chancen regenerativer Marken** liegen in einer starken Differenzierung im Wettbewerbsumfeld, einer höheren Relevanz für anspruchsvolle Zielgruppen, resilienteren Lieferketten und neuen Geschäftsmodellen, die weniger abhängig von Primärressourcen sind. Gleichzeitig steigt die Komplexität: Regenerative Projekte erfordern langfristige Partnerschaften mit Landwirten, Gemeinden, NGOs, Wissenschaft und Politik, verlässliche Mess-, Berichts- und Verifikationssysteme sowie erhebliche Vorinvestitionen. Das Risiko überhöhter oder unsauber belegter Versprechen („regenerative washing") ist groß, zumal neue EU-Regeln zu Green Claims strengere Belege und unabhängige Prüfungen verlangen.

▶ **Nachhaltig handeln**   Folgende **Leitlinien für glaubwürdige regenerative Marken** sind zu berücksichtigen:

- Regeneration ist als strategischen Kern zu verankern, nicht nur als kompensatorisches Side-Projekt.
- Es sind klare, wissenschaftsbasiert begründete Ziele und Kennzahlen (z. B. Hektar regenerierter Flächen, Tonnen gebundener CO_2-Äquivalente, Indikatoren für Boden- und Biodiversitätsqualität) zu definieren und regelmäßig zu berichten.
- Geschäftsmodell, Design und Kreislaufprozesse sind so ausrichten, dass regeneratives Handeln im Kerngeschäft stattfindet (z. B. regenerative Rohstoffe, zirkuläre Produktarchitekturen, Rücknahmesysteme).
- Es ist mit glaubwürdigen Partnern und Zertifizierungen zu arbeiten (z. B. Cradle-to-Cradle, anerkannte Regenerative-Agriculture-Programme). Zusätzlich sind externe Prüfung der Impact-Angaben sicherzustellen.

- In der Kommunikation ist transparent über Fortschritte und Grenzen zu sprechen, Zwischenziele und Lernschritte sind offenzulegen. Es dürfen keine „Heile-Welt"-Narrative bedient werden, die der Realität nicht standhalten.

So kann Green Branding den Schritt von „weniger schlecht" zu „aktiv besser machen" vollziehen und Marken schaffen, die messbar zur Regeneration von Ökosystemen und Gesellschaft beitragen – und gerade dadurch langfristig glaubwürdig und wirtschaftlich erfolgreich sind.

3.8   Kooperationen, Netzwerke und Beteiligung von Stakeholdern

Green Branding ist zunehmend auf Kooperationen und Netzwerke angewiesen, weil die großen ökologischen und sozialen Herausforderungen – Klimawandel, Biodiversitätsverlust, Arbeits- und Menschenrechte in globalen Lieferketten – von einzelnen Unternehmen allein nicht gelöst werden können. **Multi-Stakeholder-Partnerschaften** bündeln Fachwissen, Ressourcen und Legitimation verschiedener Akteure und ermöglichen so, Wirkung zu skalieren, Standards zu setzen und komplexe Probleme systemisch anzugehen. Für Marken bedeutet das: Glaubwürdige Nachhaltigkeitsversprechen entstehen immer häufiger im Zusammenspiel mit NGOs, Wissenschaft, Politik, Brancheninitiativen, Lieferanten, Handelspartnern und zivilgesellschaftlichen Gruppen, statt in abgeschotteten Marketing-Abteilungen (vgl. Weforum 2024).

Unternehmen arbeiten mit **NGOs** und **internationalen Organisationen** zusammen, um ambitionierte Umweltziele, Schutzprogramme oder Siegel zu entwickeln und umzusetzen. Berichte von WWF, ISCC (International Sustainability and Carbon Certification) oder anderen Initiativen zeigen, wie Kooperationen mit Marken helfen, Natur- und Klimaschutzprojekte zu finanzieren, nachhaltige Lieferketten aufzubauen und Konsumenten durch gemeinsame Kampagnen für Themen wie Plastikvermeidung oder Artenschutz zu sensibilisieren.

Partnerschaften mit Start-ups und Circular-Economy-Pionieren bringen innovative Technologien und Geschäftsmodelle ein – etwa neue Recyclingverfahren, Sharing-Plattformen oder digitale Transparenzlösungen. Etablierte Marken können diese in ihre Angebote integrieren. **Kooperationen mit Forschungsein-**

richtungen und Universitäten unterstützen Life-Cycle-Analysen, Impact-Messung und die Entwicklung neuer Materialien oder Anbauformen. Politik und Branchenverbände wiederum sind wichtige Partner, wenn es darum geht, freiwillige Standards, sektorweite Ziele oder branchenspezifische Roadmaps zu definieren (vgl. OECD 2024).

Die **Beteiligung von Stakeholdern** geht über formale Partnerschaften hinaus und umfasst vielfältige **Dialog- und Co-Creation-Formate.** Unternehmen organisieren Bürgerdialoge, Lieferanten-Workshops, Advisory Boards oder Online-Communitys, um Erwartungen zu Nachhaltigkeitsthemen zu verstehen, Risiken früh zu erkennen und gemeinsam Lösungen zu entwickeln. Studien zur Co-Creation zeigen, dass Konsumenten, die sich auf digitalen Plattformen aktiv an der Gestaltung nachhaltiger Produkte, Dienstleistungen oder Kampagnen beteiligen, eine stärkere Bindung zur Marke entwickeln und deren Werte glaubwürdiger wahrnehmen. Gleichzeitig helfen strukturierte Stakeholder-Prozesse, „blinde Flecken" zu identifizieren – etwa soziale Auswirkungen in entfernten Regionen – und das Markenprofil zu schärfen, weil klarer wird, wofür die Marke steht und welche Themen sie glaubhaft besetzen kann.

Aktuelle Beispiele erfolgreicher Allianzen reichen von **Multi-Stakeholder-Initiativen zur Kreislaufwirtschaft** (z. B. New Plastics Economy, Textil-Bündnisse) bis hin zu **Co-Branding-Partnerschaften zwischen Unternehmen und NGOs.** Ein NGO-Co-Branding kann die Glaubwürdigkeit von Umweltlabels und Kampagnen erhöhen, sofern die Ziele übereinstimmen und die NGO ihre Unabhängigkeit wahrt. In der Markenkommunikation sollten solche Kooperationen transparent und partnerschaftlich dargestellt werden. Statt das eigene Unternehmen in den Vordergrund zu stellen, wird die gemeinsame Mission betont, Rollen werden klar benannt, und Projektergebnisse werden offen berichtet – inklusive Herausforderungen und Lernschritten. So werden Partner nicht instrumentalisiert, sondern als gleichwertige Akteure sichtbar, was Vertrauen bei kritischen Stakeholdern stärkt (vgl. WWF 2023).

▶ **Nachhaltig merken** Green Marketing und Green Branding sind dann besonders wirksam, wenn sie die soziale Dimension von Konsumentscheidungen adressieren und nachhaltig orientierte Communitys oder soziale Anreize gezielt fördern. Authentische Kommunikation, co-kreative Community-Arbeit und die Integration von „Sichtbarkeit" und „sozialer Normalität" stärken echte Verhaltensänderungen im Markt und helfen, das Attitude-Behavior-Gap zu überwinden.

▶ **Nachhaltig handeln** Damit Kooperationen die Glaubwürdigkeit der Marke stärken statt gefährden, brauchen sie robuste Governance-Strukturen, hohe Transparenzstandards und konsistentes Reporting. Dazu gehören klare Ziele, Rollen und Verantwortlichkeiten in der Partnerschaft, schriftliche Vereinbarungen zu Kommunikationsregeln, Datenzugang und Eskalationswegen sowie gemeinsame KPIs und Evaluationsprozesse.

Unternehmen sollten regelmäßig offenlegen, mit welchen Organisationen sie kooperieren, welche Mittel fließen, welche Ergebnisse erzielt werden und wie Interessenkonflikte vermieden werden. Unabhängige Reviews oder externe Beiräte können helfen, die Qualität und Integrität der Zusammenarbeit zu prüfen, insb. bei sensiblen Themen wie Zertifizierungen oder politischen Kampagnen. So wird Green Branding zu einem kollektiven Projekt, in dem Marken ihre Rolle als Plattform für Zusammenarbeit und Veränderung wahrnehmen – und genau dadurch an Relevanz, Resilienz und Legitimation gewinnen.

Literatur

Akepa (2025) Greenwashing: 20 recent stand-out examples. https://thesustainableagency. com/blog/greenwashing-examples/. Zugegriffen: 3. Dec 2025
Akerlof GA (1970). The Market for „Lemons": Quality uncertainty and the market mechanism. In: Q J Econ , https://doi.org/10.2307/1879431. Zugegriffen: 12. Sept 2022
Branca G Resciniti R Babin BJ (2024) Sustainable packaging design and the consumer Perspective – A systematic literature review. In: Italien J. Mark, S 77–111. https://de.scribd. com/document/859388180/2023-Sustainable-Packaging-Design-and-the-Consumer-Perspective-a-Systematic-Literature-Review. Zugegriffen: 15. Nov 2025
Circulaze (2024) The Top 22 CIRCULAZE Circular economy start-ups and top company 2024. https://circulaze.com/cirmag/the-top-22-circulaze-circular-economy-start-ups-and-top-company-2024/. Zugegriffen: 11. Nov 2025
Deutsche Umwelthilfe (DUH) (2025) Goldener Geier https://www.duh.de/goldenergeier/2025/ Zugegriffen: 2. Dec 2025
Erlei M, Szczutkowski A (2025). Adverse Selektion. https://wirtschaftslexikon.gabler.de/definition/adverse-selection-26952/version-121089. Zugegriffen: 1. Dec 2025
European Commission (2025) Corporate sustainability reporting. https://finance.ec.europa. eu/capital-markets-union-and-financial-markets/company-reporting-and-auditing/ company-reporting/corporate-sustainability-reporting_en. Zugegriffen: 12. Nov 2025
Fürer M (2024) Decrease in greenwashing for first time in six years. https://www.reprisk. com/insights/news-and-media-coverage/reprisk-data-shows-decrease-in-greenwashing-for-first-time-in-six-years-but-severity-of-incidents-is-on-the-rise. Zugegriffen: 3. Dec 2025
Griese KM, Baum D (2023) Sustainable Brand Washing. In: Schuster G, Wolter L C (Hrsg) S 31–51

Grimm A, Malschinger A (2021) Green Marketing. 4.0. Ein Marketing-Guide für Green Davids und Greening Goliaths. Springer Gabler, Wiesbaden

Kreutzer R (2023) Der Weg zur nachhaltigen Unternehmensführung. Springer Gabler, Wiesbaden

Ling T, Halabi KNM (2024) Exploring the Influence of Green Packaging Design on Consumer Purchasing Behavior: A Comprehensive Analysis. https://kwpublications.com/papers_submitted/9506/exploring-the-influence-of-green-packaging-design-on-consumer-purchasing-behavior-a-comprehensive-analysis.pdf. Zugegriffen: 3. Dec 2025

OECD (2024) OECD alignment assessments of sustainability initiatives in an evolving regulatory context. https://doi.org/10.1787/bf84ff64-en. Zugegriffen: 1. Dec 2025

Rometsch K (2021) 10 Arten von Nudges aus dem Alltag. https://www.die-debatte.org/nudging-listicle/. Zugegriffen: 6. Sept 2022

Rumler A, Wagner L (2025) Green Nudging, Der Schlüssel zur nachhaltigen Veränderung. Springer Gabler, Wiesbaden

SAIM (2025) Greenwashing: UWG-Abmahnungen von Umwelthilfe und Verbraucherzentrale https://saim.de/content-hub/blog/uwg-abmahnungen-greenwashing/. Zugegriffen 2. Dec 2025.

Sinek S (2011) Start with why: How great leaders inspire everyone to take action.Pinguin Group.

StartUs-insights (2025) Explore the 10 Leading Circular Economy Examples in 2024. https://www.startus-insights.com/innovators-guide/circular-economy-examples/. Zugegriffen: 17. Nov 2025

Umweltbundesamt (2024) EU adopts new rules to combat greenwashing in advertising. https://www.umweltbundesamt.de/en/topics/eu-adopts-new-rules-to-combat-greenwashing-in. Zugegriffen: 20. Nov 2025

Unternehmensstrafrecht (2025) Greenwashing im Visier: Strafrechtliche Risiken im Zusammenhang mit Nachhaltigkeitsaussagen https://www.unternehmensstrafrecht.de/greenwashing-im-visier-strafrechtliche-risiken-im-zusammenhang-mit-nachhaltigkeitsaussagen. Zugegriffen 2. Nov 2025.

Voit AK (2023). Die Rolle nachhaltiger Werbung in Deutschland – ein Überblick. In: Schuster G, Wolter LC (Hrsg) S 185-200

Weforum (2024) How multi-stakeholder partnerships drive sustainable development. https://www.weforum.org/stories/2024/12/how-multi-stakeholder-partnerships-drive-sustainable-development/. Zugegriffen: 20. Nov 2025

WWF (2023) Corporate Partnerships. https://www.wwf.org.uk/sites/default/files/2024-05/FY23-WWF-UK-Corporate-Partnerships-report.pdf. Zugegriffen: 2. Dec 2025

Für Unternehmen und Markenverantwortliche, die Green Marketing und Branding erfolgreich umsetzen wollen, ergeben sich folgende Handlungsempfehlungen, basierend auf bewährten Strategien aus den vorherigen Kapiteln:

- **Verankern Sie Nachhaltigkeit als strategische Kernkompetenz**
  Starten Sie mit der Integration nachhaltiger Werte in die Unternehmensvision, Kultuund Geschäftsprozesse. Nur eine ganzheitliche Verankerung schafft Glaubwürdigkeit und langfristige Wirkung.
- **Kommunizieren Sie transparent, authentisch und evidenzbasiert**
  Nutzen Sie transparente Berichte, externe Zertifizierungen und offene Dialoge, um Vertrauen zu generieren und Greenwashing zu vermeiden.
- **Entwickeln Sie nachhaltige Produkte, Dienstleistungen und Geschäftsmodelle**
  Fördern Sie Innovationen wie Ökodesign, Kreislaufwirtschaft und Produkt-Service-Systeme, die ökologische und soziale Anforderungen erfüllen und zugleich wirtschaftlich tragfähig sind.
- **Setzen Sie digitale Technologien gezielt ein**
  Nutzen Sie datenbasierte Insights, personalisierte Kommunikation und Social Media, um Zielgruppen effektiv und maßgeschneidert anzusprechen.
- **Implementieren Sie ein systematisches Monitoring und Reporting**
  Messen Sie kontinuierlich die Wirksamkeit Ihrer Maßnahmen anhand klarer KPIs und berichten Sie regelmäßig an alle Stakeholder.

- **Fördern Sie das Bewusstsein der Konsumenten und nutzen Sie Nudging und Signaling**
  Verstehen und beeinflussen Sie Konsumentenverhalten durch gezielte Impulse und Bildungsangebote, um nachhaltige Kaufentscheidungen zu fördern.
- **Bauen Sie Partnerschaften und Netzwerke auf**
  Kooperieren Sie mit NGOs, Startups, Universitäten, Lieferanten und Kunden, um Ressourcen zu bündeln, Innovation zu fördern und die Glaubwürdigkeit der Marke zu stärken.

Diese Schritte sind sowohl strategisch als auch praktisch umsetzbar und bauen aufeinander auf. Sie ermöglichen Unternehmen, Green Marketing und Branding wirkungsvoll und glaubwürdig zu gestalten und nachhaltig Wettbewerbsvorteile zu erzielen.

A. Nachhaltige Erkenntnisse

- Green Marketing und Green Branding können nur auf Basis einer ganzheitlich nachhaltigen Unternehmensführung glaubwürdig funktionieren, die ökologische, soziale und ökonomische Verantwortung entlang der gesamten Wertschöpfungskette verankert und durch ESG-Kriterien sowie Triple-Bottom-Line-Orientierung (People, Planet, Profit) gesteuert wird.
- Regulatorische Rahmenwerke wie CSRD, CSDDD, EU-Taxonomie, EUDR und nationale Gesetze erzwingen Nachhaltigkeit zunehmend unabhängig von Kundenpräferenzen, weshalb Nachhaltigkeit von einer freiwilligen Option zur strategischen Notwendigkeit wird und integraler Bestandteil von Governance, Reporting und Markenführung sein muss.
- Konsumentenseitig prägen Attitude-Behavior-Gap, Informationsasymmetrien und Preisbarrieren den Markt, sodass Unternehmen mit Signaling (Labels, belastbare Kennzahlen, Transparenzberichte) und Nudging (Defaults, soziale Normen, Design- und Platzierungsimpulse) die Wahrnehmung und Akzeptanz nachhaltiger Angebote aktiv gestalten müssen.
- Glaubwürdiges Green Branding erfordert Purpose-getriebene Markenführung, klare ESG-Guardrails und eine evidenzbasierte, transparente Kommunikation, die Greenwashing vermeidet, substanzielle Fortschritte zeigt, Unsicherheiten offenlegt und durch KPIs, Zertifizierungen sowie Sustainability-Balanced-Scorecards kontinuierlich mess- und steuerbar gemacht wird.
- Die Weiterentwicklung von Nachhaltigkeit hin zu zirkulären und regenerativen Geschäftsmodellen stärkt langfristig Wettbewerbsfähigkeit und Markenwert,

wobei Kooperationen in Multi-Stakeholder-Netzwerken, regenerative Innovationen (Cradle-to-Cradle, Kreislaufwirtschaft, Produkt-Service-Systeme) und partizipative Stakeholder-Dialoge zentrale Hebel für Wirkung, Resilienz und Differenzierung darstellen.

Stichwortverzeichnis

MIX
Papier aus verantwortungsvollen Quellen
Paper from responsible sources
FSC® C105338

If you have any concerns about our products,
you can contact us on
ProductSafety@springernature.com

In case Publisher is established outside the EU,
the EU authorized representative is:
Springer Nature Customer Service Center GmbH
Europaplatz 3, 69115 Heidelberg, Germany

Printed by Libri Plureos GmbH
in Hamburg, Germany